品味台灣茶

FLAVOR AND TASTING

ORIGIN AND HISTORY

茶行學問‧產地風味‧茶人說茶，
帶你輕鬆品飲茶滋味

CONTENT

Part 1 風土之味。台灣茶種與產地

台灣茶基本分類……010
從茶樹品種開始了解茶……011
不發酵茶－綠茶……016
半發酵茶－烏龍茶……020
全發酵茶－紅茶……026
Column 茶的發酵學問……030

如何成就一杯好茶……032
從一片葉認識茶……033
看天吃飯的製茶過程……034
認識茶與風味變化……040
影響茶湯滋味的三要素……047

台灣茶地圖……050
北部……051
桃竹苗……052
中南部……053
宜花東……054

台灣茶的百年歷史……056
大溪老茶廠、銅鑼茶廠……057

Part 2 品茗日常。讓喝茶變簡單

茶人教你泡茶……072
用不同方式泡好茶……073
蓋杯泡……074
碗泡……076
壺泡……078
冰滴……080
手沖……081
虹吸……082

茶知識 Q & A……084
Q1 高山茶與低海拔茶的不同？海拔高度會影響茶風味？……085
Q2 常聽到「一心二葉」，這是採茶的標準嗎，一定得一心二葉？……086
Q3 請解釋一下「茶菁」，以及其中的內含物質。……087
Q4 做茶看天氣，如果天氣不好、趕工所做的茶可能有什麼缺點？……088
Q5 有些烏龍茶有「菁臭味」，為什麼呢？……089
Q6 手工團揉的茶和機器製作的茶，其風味的差異是？……090
Q7 有時會聽到某地的茶很好，或是某款高山茶很棒，產地決定茶滋味嗎？……092
Q8 茶也分淺焙、中焙，重焙，不同焙度的品飲樂趣是？……093
Q9 不同的茶，沖泡溫度需不同嗎？……094
Q10 茶乾、茶湯、葉底怎麼看？……095
Q11 如何透過視覺、嗅覺、味覺來認識茶？……096
Q12 從茶乾的外觀可以判定茶湯滋味嗎？比方是否會澀？……098
Q13 茶湯色澤與製程的哪部分有關？……099
Q14「茶香」、「茶韻」的影響因子是什麼？……100
Q15 如何做出風味足的冷泡茶？和熱泡的差異？……101
Q16 春、夏、秋、冬分別有哪些茶代表？喝茶一定要跟季節？……102
Q17 窨製茶怎麼做的？傳統與現今的做法有所不同？……103
Q18 沒有專業茶具，如何在家泡茶？……104
Q19 喝茶有適飲時機？……106
Q20 如何保存茶葉？……107

我們的台灣茶設計 ……108
茶具茶器 ……109
Shop_ 宜龍茶器 ……116
Shop_ 陶作坊 ……122
茶品包裝 ……130

Part 3 茶學問。茶行與茶人

[百年茶行] 有記茗茶 ……140
[百年茶行] 振發茶行 ……150
[百年茶行] 王德傳茶莊 ……160
[老茶達人] 台灣伍中行 ……170
[創新茶人] 七三茶堂 ……180
[創新茶人] 十間茶屋 ……190
[創新茶人] 茶米店 ……200
[創新茶人] 無藏茗茶 ……210
[創新茶人] 二一茶栽 ……220
[創新茶人] 八拾捌茶 ……230
[創新茶人] 白青長茶作坊 ……240
[有機茶人] 洺盛農園 ……250

散步・台灣喝茶聚落 ……260
台北・永康街 ……261
台北・回留茶館 ……264
新竹・若山茶書院 ……270
台南・十八卯茶屋＆奉茶 ……276

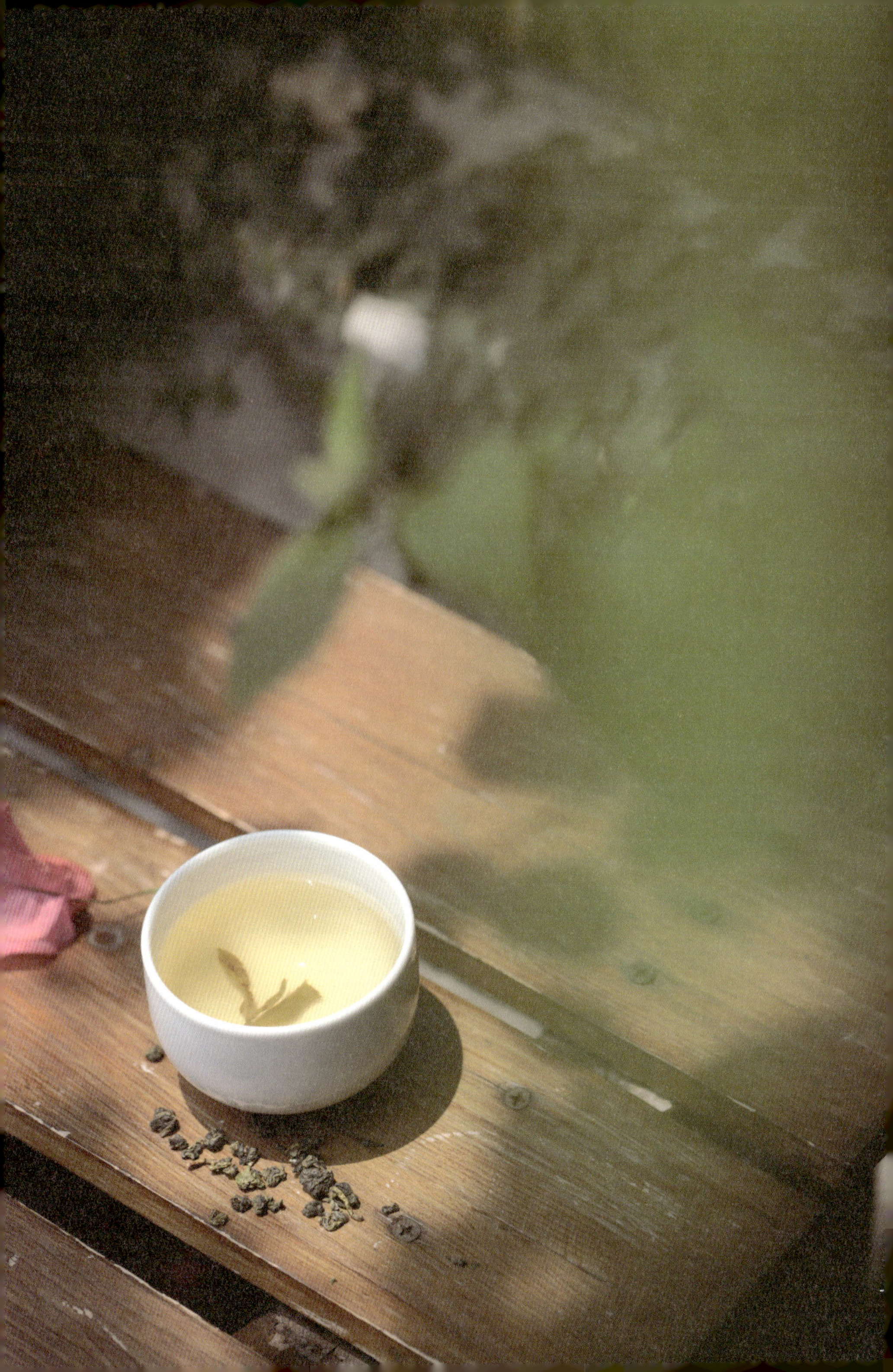

Part

1

風土之味。
台灣茶種與產地

─茶的基本分類─
─了解常見台灣茶─
─如何成就一杯好茶─
─台灣茶地圖─
─台灣茶的百年歷史─

茶的基本分類

在台灣，從平地到高山都有茶樹蹤跡，辛勤的茶農們在這塊土地上孕育出多元且美好的茶風味。一起到產地去，從茶樹、茶種、製作開始了解，將會發現原來一杯茶可以說出很多故事。

P16-31 撰文為 茶米店／藍大誠

從茶樹品種開始了解茶

在台灣,現有的茶樹品種約有21種,其中以「金萱」、「青心烏龍」、「青心大冇」、「四季春」的種植面積最廣。基本上,每棵茶樹都能製作出7種茶,從不發酵茶到部分發酵,甚至是紅茶,依據製茶師傅的經驗判斷當日要做的茶款。

適製綠茶

青心柑仔

早生種茶樹,分佈於北市新店與三峽一帶,茶農以台語暱稱為「柑仔種」,主要被製成綠茶,例如龍井茶、碧螺春,帶有白毫的龍井茶算是高級品。青心柑仔亦能製成紅茶,在三峽地區有少量製作,味道偏蜜香氣息。

適製包種、烏龍

金萱──
　　中生種茶樹，台灣茶改場命名「台茶12號」，俗稱「二七仔」，為強勢樹種。茶改場對它的形容是帶有奶香，也有人覺得是牛奶糖的香氣，茶味比較淡、但喝起來是討喜、容易被大眾接受的味道，適製成金萱烏龍或是包種茶。

翠玉──
　　中生種茶樹，台灣茶改場命名「台茶13號」，俗稱「二九仔」，產量大，但目前種植的人沒有以前多。翠玉適製成部分發酵茶，帶有花香，類似茉莉或玉蘭花的香氣，屬於清新的茶款，大眾對它的茶湯滋味接受度也很高。

四季春──
　　早生種茶樹，是自然雜交的品種，一年四季都好種好生長，最早是在木柵的茶園被發現。因為易生長且穩定，故價格較低，常被做成商用茶，但也有茶農改做有著高級風味的烏龍茶。四季春的香氣是淡淡花香，類似梔子花。

適製包種、烏龍、東方美人

青心大冇 ─
　中生種茶樹,台灣茶改場命名「台茶1號」,可製作的茶款相當多,其中最有特色的,是用它製作有蜜香味的白毫烏龍茶。青心大冇在桃竹苗一帶是主要茶樹種,藉由小綠葉蟬的「著涎」作用,成就它獨特的蜜香與果香。

青心烏龍 ─
　晚生種茶樹,原本來自於福建武夷山的品種,但經品種變異,現已成台灣特有樹種,它佔本地的種植地面積最大。依據海拔高度,摘收時期自2月到5、6月不等,在高冷山區也能見到它的蹤影,其品種香是蘭花與桂花香。

適製鐵觀音、紅茶、包種茶

硬枝紅心 ─
　早生種茶樹,葉片為紫紅色,又名「大廣紅心」,主要產區為新北市的石門。硬枝紅心適製部分發酵茶與全發酵茶,其中被做成「鐵觀音」與「阿里山磅紅茶」最為知名,後來更以龍眼木做炭焙,做成有特色的「炭焙鐵觀音」。

適製紅茶

台茶 8 號 —

早生種茶樹,是於日治時期,引進印度的阿薩姆茶樹,在南投魚池、埔里、日月潭,以及花蓮…等地都有種植。台茶8號適製成紅茶,茶湯帶有肉桂味,比較濃郁但澀感也比較明顯,適合與牛奶做搭配、做成奶茶飲用。

紅玉 —

早生種茶樹,台灣茶改場命名「台茶18號」,是台灣在地的野生山茶和緬甸大葉種茶樹交配培育成,以紅玉茶樹所製成的亮紅色茶湯,有著肉桂香、薄荷葉香氣,是台灣特有的茶款之一,有著「台灣香」的美名。

適製鐵觀音

鐵觀音 —

晚生種茶樹,產地在北市木柵區,稱為木柵鐵觀音,後來坪林、深坑、石碇也有茶樹分佈。鐵觀音一詞,既是樹種也是製茶法,使用布包團揉並以文火烘焙成烏龍茶。若用其他樹種的茶菁,加上此種製茶方式,亦能稱為鐵觀音。

梨山一帶的高海拔茶樹。

茶的基本分類

坪林一帶的低海拔茶園

Green tea

綠茶

— 清香滑順，要趁鮮品嘗！ —

不發酵茶

台灣屬於潮濕的海島型氣候，所以綠茶種類較少，目前代表茶款為三峽的「碧螺春」與「龍井」。綠茶是幾乎沒有發酵（氧化）的製茶方式，因此兒茶素保留非常完整，會有點類似綠豆的香氣，含有滑順的果膠質，以及帶有茶葉品種本身特有的花果香。整體來說，算是輕盈滑順的風味，較重視在品飲前段的感受。在台灣，以青心柑種茶樹所製作出來的碧螺春，其茶葉外型比較長、味道比較苦一些，香氣也與中國綠茶不同。

16

發酵程度 0%

製作重點

採摘→室內萎凋→殺菁（炒菁）→揉捻→乾燥→精製

　　做綠茶，最重要的是讓兒茶素與脂肪保持在最完整的狀態，每個工序都需要細心製作。首先，採摘嫩芽與適量的成熟葉，約一心一葉。不需經過曬菁，直接進室內做萎凋，萎凋時用手輕輕翻動，使水分走完後就準備炒菁。

　　以炒鍋用高溫殺菁，讓茶葉定型、使其停止氧化（發酵），接著進行揉捻。用輕揉捻的方式，均勻細心地讓茶葉外觀定型，以低溫乾燥後，綠茶初製就完成了。大多數的製茶場只做到初製工序，「精製」幾乎都是茶商的工作了。「精製」是將茶葉中的黃片，也就是纖維化的葉子與茶梗挑掉，最後再做一次乾燥，將茶葉含水量降低到4%以下，讓茶葉更好保存。

註：「走水」是指茶葉靜置時，內部水分慢慢蒸散的動作。

龍井茶

產地以新北市三峽為主,以西湖龍井的製茶方式製作,將茶葉輕揉捻成細扁狀,外觀碧綠油亮、形狀有如劍片一般,大多是清明前採收。風味上是青草香中帶一些小白花香,口感滑順細緻,屬於鮮爽型的茶款。

碧螺春

產地與龍井茶一樣,大多是在新北市三峽。碧螺春的名字和茶本身的顏色、外觀有關,「碧」是指碧綠色的茶葉,「螺」是因為製程中將茶葉輕揉捻成像田螺般微曲的樣子,它的嫩芽會呈現白毫狀,通常也是在清明前採收。口感上與三峽龍井很類似,也是鮮爽清新的類型。

Q 生茶、青茶、熟茶是什麼？

這三者指的是茶葉在烘焙精製過程中的不同階段。簡單比喻的話，生茶像是沒有煮過的食材，青茶是食材經過基本烹調並保留原味，熟茶是食材烹調後已完成調味後的料理。以下分別說明：

〔生茶〕
也可稱「毛茶」，是茶廠剛做好的茶，水分分佈不均、含水量較高，刺激性也很高且不好保存。市面上有部分消費者非常喜愛生茶，因為鮮爽度極高，但相對的刺激性也高，大部份的人喝了生茶後胃會不舒服。

〔青茶〕
正確來說，青茶是烏龍茶的統稱，讓茶菁完整乾燥後、含水量降至4%以下，並將茶的刺激性、水味、濁味去掉，保留茶原本的香氣與清甜。這個工序稱為「焙清」、「焙乾」，經過焙清之後的茶就是青茶了。不論是綠茶、烏龍、紅茶都需要做好上述提到的乾燥工序，才能降低茶的刺激性，而且更好保存。

〔熟茶〕
將乾燥好的茶再次烘焙，以高溫讓茶葉表面產生焦糖化、毛細孔被封閉後就不易受潮。藉由改變茶的風味，使其更厚實飽滿，而且只有熟茶才能存放成陳年茶。

Oolong tea

烏龍茶

半發酵茶

—— 最能展現烘焙手法與技術！——

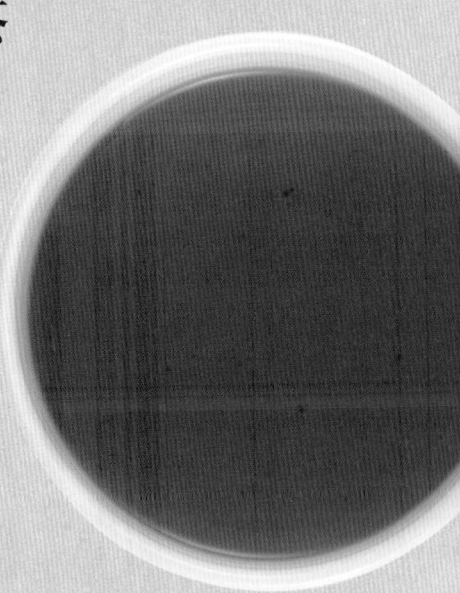

在早期的台灣，烏龍茶都會做到足夠的發酵程度，接近50%以及中度的烘焙，讓茶容易保存，所以那時稱為「半發酵茶」，但現代包裝技術進步了，能做出不同發酵度，所以現在改稱「部分發酵茶」。在溫暖潮濕的台灣，氣候條件造就了台灣烏龍獨特的製作工序，雖然每款烏龍茶在各地的文化背景不同，但製作上大致類似，但這些細微的不同，會使風味有很大的差異。部分發酵茶包括了包種茶、各種烏龍茶、鐵觀音、東方美人、紅烏龍、港口茶⋯⋯等。

製作重點

發酵程度 10%-85%

採摘→日光萎凋→室內萎凋→浪菁→聚堆發酵→殺菁（炒菁）→初揉→初乾→團揉→解塊→再次乾燥→精製

採摘：在適當的時間點採茶，採摘從芯芽到一心一葉、一心二葉、一心三葉…等都有，每個採摘等級會直接影響茶葉的製作與口感。

日光萎凋：先均勻將茶菁平鋪在室外做日光萎凋，日光將茶葉表面的蠟質層分解，並去掉一部分的水分與草菁味；日曬時間需拿捏精準，曬菁場頂上會裝黑網，讓做菁師傅能控制日曬時間。

室內萎凋：進到室內，利用空調控制室內溫濕度，將茶葉均量置於茄笠、使其繼續走水，慢慢將茶葉葉脈及葉梗的水分帶出來，固定時間得輕輕翻動一下茶葉，讓每片茶葉都能均勻地走水。做菁師傅會判斷茶葉走水的狀態來決定進入下個工序的時間，走水完成後就可開始浪菁。

浪菁：將茶葉置於浪菁機裏讓茶葉翻滾，使葉子間互相碰撞、邊緣細胞壁破損，讓氧氣得以進入細胞壁裡讓兒茶素氧化，讓茶葉風味產生變化。

聚堆發酵：葉緣破損後，氧氣進入葉子中使兒茶素氧化，依據兒茶素氧化程度的不同會產生不同香氣，從花香→青果香→熟果香→蜜香→紅糖香，而湯色會從綠色→黃綠→金黃→橙黃→琥珀色，慢慢變化。

炒菁：製茶師傅決定這支茶的香氣後，就用高溫鍋子炒熟茶葉，讓兒茶素定型並停止兒茶素的氧化，在山上也稱為「抓香」。此工序需要非常有經驗的製茶師傅，以確保茶葉有完整炒熟，不能有未熟的狀況，若留有未炒熟的葉子，會帶非常重的草菁味。經過高溫炒菁後的茶葉含水量會大量降低至30%左右，好讓接下來的揉捻得以順利進行。

初揉：使用望月型揉茶機，將茶葉做初步揉捻。目的是讓茶葉的細胞壁破損，這樣泡茶時，才能讓茶葉內的滋味溶於水中。初揉也是影響風味非常重要的工序之一，若揉捻不足會讓茶泡不出來，揉捻過頭會讓茶容易過萃。

團揉與解塊：目的是將茶葉慢慢地揉捻成球狀，此工序繁瑣，通常會花上6小時左右進行。將茶葉包布用團揉機慢慢整形，一點一點的揉捻，單次團揉力道不能過大，否則會讓稍微乾燥的葉子破損，團揉後再解塊，反覆至茶葉外觀變成球狀為止。

再次乾燥：用大型熱風乾燥機，將球狀茶葉的含水量乾燥至5%左右。到此步驟為止，茶葉在製茶場的工序就完成了，很多消費者喜愛這時候的茶，有著非常鮮爽的清香，但相對地刺激性也高。

精製：挑掉茶梗與黃片之後就可以焙火了。依焙火程度的不同，香氣變化也不同，就如同咖啡一樣，而精製後的茶葉也更好保存。

包種茶

輕發酵、無焙火的茶款，揉捻時很輕、會做條索狀的茶，包種茶沒有團揉與解塊的工序，風味是細緻花香帶點果甜，屬於清爽型的茶款。

高山烏龍茶

輕發酵茶，焙火程度無到輕都有。種植在海拔1000m茶區以上的茶，通稱為高山茶，不同產地有著不同的風土條件，日照時間、土質與礦物質、降雨量…等都會影響茶的風味，這也是老一輩的人常說的「山頭氣」。香氣從青草香、小白花、成熟花香、青香水果香的表現都有，內含滋味輕盈的果膠質，尾韻回甘回甜。

凍頂烏龍茶

輕中發酵、中度焙火,是傳統風味也是許多阿公或老茶饕們喜愛的茶款。風味表現是前段出現輕微焦糖甜,再帶出濃郁熟果香,中段的茶感飽滿,尾段是輕微木質香氣、回甘厚實。傳統凍頂烏龍茶會讓你感覺到前中後段的風味享受。

鐵觀音

中重發酵、重烘焙,也是傳統茶款,大多以木柵地區產製為主。重發酵再加上厚重焙火會使風味前段是飽滿的焙火香氣,並帶出熟果韻味,中段茶質厚實,尾段果酸微甜。

東方美人茶

中重發酵、輕揉捻、無烘焙,是台灣特有的茶款。被小綠葉蟬咬過的茶樹,自體產生花蜜香,是為了吸引小綠葉蟬的天敵—肉食性蜘蛛來吃它。在有花蜜香的時期,將茶葉採收製成茶,而造就了花蜜香特殊的東方美人茶,前段是細緻花粉香、中段花蜜香、尾韻瓜果甜韻。

茶乾上的白毫如果多,代表摘收的葉片是比較嫩的。

紅烏龍茶

正確來說,紅烏龍是將小葉種紅茶揉捻成球狀,好讓茶葉更好保存。因為揉捻後發酵再團揉的關係,在口感風味上較單一,前段帶有點焦糖的甜、中段紅糖香、尾段果酸木質感。

Q 什麼是「正欉鐵觀音」?

鐵觀音是一種烏龍茶的做法,也是一種茶樹品種。用鐵觀音品種茶樹來做鐵觀音的做法,就是所謂的「正欉鐵觀音」。為何會這樣區分呢?早期鐵觀音都是用鐵觀音品種下去製作,但鐵觀音品種本身產量較少,供不應求,開始有茶農用金萱或是翠玉品種來製作鐵觀音,這兩個品種的受火性高,能焙火出類似鐵觀音的風味。所以市場上會出現許多「鐵觀音做法的鐵觀音」,但茶種卻不是鐵觀音,購買時可以多留心或加以詢問。

Part 1　風土之味・台灣茶種與產地

Black tea

紅茶

— 會有蜜香或果香風味！—

全發酵茶

紅茶是將兒茶素充分氧化的製茶工藝，台灣紅茶的製作技術是在日治時代，由台灣紅茶之父新井耕吉郎，在台灣研發各種品種並且將技術深耕，在魚池鄉日月潭旁建設了台灣茶葉試驗所。台式紅茶的製作方式跟烏龍茶比起來相對簡單，此外，紅茶雖稱為「全發酵茶」但實際上的發酵程度約60-85%左右，但發酵程度85以上的紅茶，口感風味非常重、比較不適合東方人的單品文化。

26

發酵程度 0%

製作重點

採摘→室內萎凋→揉捻→聚堆發酵→乾燥→精製

採摘：台灣製作紅茶的茶菁原料與烏龍相比，會採得較嫩些，在適當的時間點將茶葉採收後，小葉種採一心或一心一葉，大葉種採一心一葉或一心二葉，每個採摘等級會直接影響茶葉的製作與口感。

室內萎凋：採摘後，直接進到室內做萎凋（靜置），利用空調控制室內溫濕度，茶葉均量平鋪於笳笠使其走水，慢慢將茶葉葉脈及葉梗的水分帶出來，固定時間得輕輕翻動一下茶葉，讓每片茶葉都能均勻地走水。做菁師傅會判斷茶葉走水的狀態來決定進入下個工序的時間，走水完成後就可準備揉捻。

揉捻：破壞茶葉的細胞壁，讓氧氣進入茶葉內與兒茶素進行氧化作用。紅茶是揉捻後再氧化的製茶工藝，揉捻能讓更多氧氣能進入細胞壁裡進行氧化。揉捻的力道與時間是非常重要的關鍵，揉捻力道大、細胞壁被破壞得多，發酵時間也能縮短，但相對地口感會偏濁。揉捻力道小，時間拉長一些，能讓細胞壁破損的均勻，風味就能比較細緻。

聚堆發酵： 把揉捻好的茶葉堆置，提高室內的溫度與濕度。讓兒茶素能均勻且充足的氧化，氧化程度與揉捻力道、時間是成正比的。聚堆發酵時，若太濕會讓茶產生很重的發酵味，許多人不喜歡這個風味。不提高濕度的話，得將發酵時間拖長，但能讓茶的風味乾淨且細緻。

乾燥： 將發酵完成的茶葉低溫乾燥，約至含水量5%左右就完成了。因為台灣紅茶多為條索狀，乾燥溫度建議使用75度溫火即可。若用太高的溫度乾燥紅茶，很容易有焦苦味，茶鹼也會殘留。

精製： 挑掉茶梗與黃片後就可再次乾燥了，把含水量與刺激性降到更低，存放半年後就適合喝了，而精製後的茶葉也更好保存。

紅玉

由台灣茶改場所改良出來的第18號品種，屬於大葉種。特色是帶有肉桂香、薄荷葉香，目前在全世界算是很特殊的香氣表現。做得好的紅玉風味非常細緻豐富，前段花蜜香帶點肉桂的甜感、中段飽滿厚實、尾段有薄荷葉的涼感。

蜜香紅茶

小葉種為主，大多會選擇青心甘仔或青心大冇的茶樹來製作蜜香紅茶，它與東方美人茶一樣，茶芽被小綠葉蟬叮咬過，因此風味前段是花蜜香，中段茶感飽滿，尾韻紅糖香。

阿薩姆紅茶

來自印度阿薩姆邦（阿薩姆省）的原生種，後來在台灣培育，又稱台茶8號，屬於大葉種，味道比紅玉、蜜香紅茶來得更濃郁強烈一點。以風味來說，前段是麥芽香、中段瓜果甜感、尾段則為黑糖香。

紅韻

以印度Kyang與祁門Kimen配種而生，被台灣茶改場命名為「台茶21號」，主要產地在南投魚池鄉。紅茶的茶湯顏色清澈紅亮，滋味甘甜鮮爽，有著柑桔花朵的濃郁香氣，為高香型紅茶。

Part 1　風土之味・台灣茶種與產地

Q&A

茶的發酵學問

部分發酵茶（烏龍茶）的風味來自於兩個部分，風土條件與製茶工藝。

（1）風土條件：

種植茶葉地區的微型氣候，包含了該地區的日照時間、降雨量、溫濕度、土質條件，以及茶農種植的茶樹品種、茶農管理茶園的方式都會影響到茶的風味。

（2）製茶工藝：

製茶師傅的手法、理念，以及焙茶師傅的手法⋯等，這些不同的手法產生的風味變化組合是非常廣的。

以茶葉本身來說，因著兒茶素氧化程度的不同，而產生不同風味。氧化作用會讓兒茶素與茶葉本身的脂肪結合、轉化成茶黃質，氧化程度越高就會變成茶紅質，在兒茶素氧化的不同階段，其風味也完全不一樣。比方，氧化10%左右是青草香，氧化20-30%左右是花香，30-40%是果香，50-60%是蜜香，70-80%是糖香，茶湯顏色也會從綠色→金黃→橙黃→琥珀→紅色。

總結呢，每個產地與品種都有自己的獨特風味，再加上不同的工藝組合，就能產生出千千萬萬種不同的有趣變化！

茶的氧化程度與香氣顏色變化

氧化程度	10%	20-30%	30~40%	50~60%	70-80%
香氣	青草香	花香	果香	蜜香	糖香
茶湯顏色					

2

如何成就一杯好茶

實際走訪茶廠，你將會發現製茶所費的工，遠遠超過咖啡，是一項流程繁瑣且看天氣、耗人力的農產品。同時，從採摘開始的選擇到製茶的各個步驟，不僅一環扣著一環，還深深影響著茶葉的風味和口感。

從一片葉認識茶

在了解繁複的製茶流程前,先從葉片開始認識茶吧!茶樹是互生的植物,所以每個節上會長一片葉,並於各節交互生長;手採茶時,會依經驗辨視嫩葉顏色,以拇指與食指間的刀片採下嫩梗;而機採茶則是用弧型鐮刀一刀切過的方式採收。手採茶或機採茶各有優點,手採茶外觀完整、枝梗相連;而機採速度快,透過撿枝和機器篩選掉老葉和破碎葉,也能取得很好的品質。

採茶時,從一心二葉到三葉、四葉不等;通常第三葉是比較成熟的葉片,做烏龍茶通常選用一心三葉。採下的嫩葉,稱為「茶菁」,需經過日光萎凋、室內萎凋與攪拌、浪菁⋯等步驟,好讓水分從茶梗代謝、從葉片蒸發。

以一天的採茶時段來看,上午11點至下午3點所採的茶菁,其含水量最低,也就是茶農們說的「午時菜」;這時採下的茶菁水分少,而且日光萎凋時能獲得的日照又可以比較充足,所以容易製成高級品。

看天吃飯的製茶過程

不論是採茶或製茶,都與天候狀況、溫濕度有重要關聯。走一趟茶的產地,看看茶怎麼做,從採茶工到製茶師傅的付出,每個步驟都需要經驗做判斷,才能紮實地把茶做到位。

1 採摘

現今的採茶工多是外籍配偶,往日的「採茶姑娘」已不復見,因為採茶約從早上7點-11點左右結束,戴著斗笠在烈日下採摘,非常辛苦。採摘的選擇從一芯一葉到三葉都有,依製茶需求做選擇,會影響到製茶的工序與風味。

2 日光萎凋

採下來的「茶菁」,得先平鋪在室外的曬菁場做日光萎凋,日光會將茶葉表面的蠟質層分解,好讓水分與草菁味減少。曬菁場頂上會裝設黑色的遮蔭網,避免茶菁被烈日曬傷,此時茶菁就開始進行「走水」。

拍攝協力/
二二茶栽 × 翠峰 順美茶廠
翠峰 阿妙茶廠

攝影/王正毅

3 室內萎凋與攪拌

日光萎凋後,將茶葉移至室內做「室內萎凋」,將茶菁均量置於笳笠上,或使用大型的萎凋架。相較於日光萎凋,室內萎凋比較溫和,但仍是為了讓水分持續蒸散的過程,茶菁內含的物質也會慢慢轉化。

室內萎凋時,會進行「攪拌」的動作,輕輕撥動、翻動茶菁,此動作是為了讓水分重新分佈、回到細胞組織中,以促進後續的發酵作用。攪拌過度或不足都是不好的,製茶師傅會依據經驗判斷攪拌的次數。

4 浪菁

浪菁是將茶葉倒入浪菁機裡(或手工翻動茶葉浪菁),讓茶葉翻滾、彼此互相碰撞,好讓茶葉的邊緣細胞壁破損,才有利於氧氣進入細胞壁裡。

5 堆菁發酵

浪菁之後的葉緣破損，這時會讓茶菁堆聚發酵、使其轉化，依據兒茶素的氧化程度，會產生不同的香氣、湯色也會因此慢慢變化。

6 炒菁

以高溫將茶葉炒熟，好讓兒茶素定型，並停止兒茶素繼續氧化的動作。製茶師傅會決定這支茶該有的香氣，在炒菁過程中注意茶葉是否完全炒熟、菁味消去。經過高溫炒菁後，茶葉含水量會降低至30%左右，留下香氣。

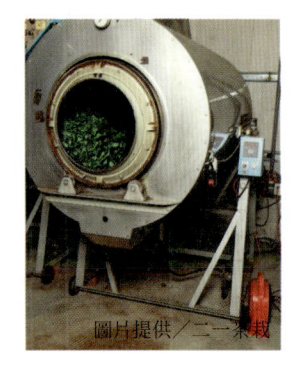

7 揉捻

使用揉捻機將茶葉揉捻過，此動作的目的也是讓茶葉細胞壁破損，汁液流出後以附著在茶葉表面，揉捻程度到位與否會影響茶的風味；通常條索狀的茶在此步驟已完成外型，而球狀茶則要讓水分再散失一些，才進行覆炒與團揉。

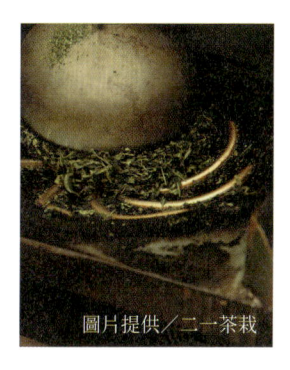

8 初乾

揉捻完的茶葉比較濕，會用乾燥機降低水分含量，好讓茶葉汁不會沾到包巾上，並以利進行下一個步驟。

9 團揉與解塊

要做球狀的茶,在初乾後再將茶葉揉捻成球狀,團揉工序繁瑣,而且重複次數高、相當費時。用包巾將茶葉包裹成布球,利用布球機、團揉機將茶葉塑形,之後再解塊,反覆至茶葉變成半球狀或球狀為止。

10 乾燥

用熱風乾燥機,讓球狀茶葉的含水量乾燥至只剩5~7%左右,此時做好的茶稱為「毛茶」,是尚未焙火過的茶。茶行、店家收購毛茶後,會進行揀枝、再加上焙火做成自己想要的風味 。

圖片提供╱二一茶栽

認識茶與風味變化

茶湯裡含有許多物質與營養，正因為有這些物質，會讓喝的人感受到不同的味覺體驗，例如：鮮、甜、苦、澀、香、酸…等，非常多樣化。如果要深究的話，一杯茶裡的物質成分與營養實在細數不完、十分複雜，先讓我們初步了解一下有哪些部分吧！

P40-49內容諮詢　茶米店／藍大誠

茶多酚 — 澀

其中的多種物質會與口腔中的蛋白質結合，而產生各種味覺口感。

咖啡因 — 苦

炒茶時會出現的白色結晶，即為咖啡因。但茶的咖啡因會與茶氨酸作用，進而減少對人體的刺激性。

茶胺酸 — 鮮

是茶葉中佔比最多的一種氨基酸，是鮮味的來源。

醣類 — 甜

含有單醣、雙醣、多醣，其中可溶性醣類是茶湯甜味來源之一。

有機酸 — 酸

主要於製作過程中自然產生的多元物質。

香氛物質 — 香

製茶過程中，許多因素會影響其風味，最主要的是發酵度與焙度。

茶皂素

沖茶時，第一泡通常會有白色泡沫，即為茶皂素，有營養成分。

維生素

有多種水溶性維生素與維生素C，其中，又以綠茶的維生素C含量最高。

氟化物

含量不多、有微量氟化物，它能夠中和口腔的酸性。

蛋白質

天然的茶湯都含有蛋白質，因此泡好的茶要儘快飲用完畢，以免變質。

礦物質

茶樹根部會吸收土壤中的礦物質，因此喝茶也能攝取到礦物質。

Part 1　風土之味・台灣茶種與產地

其實茶和咖啡、紅酒一樣，有著各種品飲樂趣，甚至有前中後味的不同感受。以綠茶來說，香氣比較奔放、口感鮮爽；烏龍茶則依發酵度與焙度，能組合出各種風味與口感；重發酵的紅茶，視樹種與萎凋、揉捻程度而有不同口感。

其中，特別是烏龍茶的變化有很多種，除了製程的變因之外，主要以發酵度和焙度的影響最大。透過萎凋過程，茶菁開始發酵，導致兒茶素產生變化，轉成茶紅質與茶黃質。焙茶師再依據茶菁發酵程度，再加上焙火，師傅的經驗值與功力決定了茶最後的味道。至於要加上幾分焙火呢？除了依毛茶狀態來判斷，焙茶師還會加進自身對茶款風味的想像；透過焙茶時的梅納反應，茶葉開始焦糖化、慢慢出現甜感，而茶湯顏色也隨著焙度漸漸加深。

由於每種茶各有愛好者，以下介紹不同發酵度的茶的特色風味，或許下次喝茶時，你也能進一步細細品味台灣茶的氣韻香。

綠茶

著重於前段的香氣，初入口就會有明顯的花香、非常奔放活潑。由於綠茶屬不發酵茶，因為沒有發酵過，所以油脂含量比其他茶來得多，因此喝綠茶時，你能感受到類似檸檬皮、萊姆皮、柑橘皮…等新鮮果皮的氣息。此外，因為綠茶的兒茶素保留完整、胺基酸也多，所以有的人會覺得綠茶有著新鮮蛋白的味道。在口感方面，綠茶是鮮爽Q彈的，但喝到後段時，幾乎是沒有味道。

烏龍茶

　　台灣烏龍茶的變化非常多樣，透過發酵度與焙火程度，能做出各種風味、特別有品飲的樂趣，因為需有確實不馬虎的製程與焙茶師的功力，甚至能說焙茶是種工藝。如果是以傳統製法做的烏龍茶，通常會有三段風味：

前段：剛入口的香氣是乾淨的，同時能感受到烘焙的甜香。
中段：茶湯滑順有如絹布，在口腔兩頰會有種果酸感以及果膠質。
後段：經過舌面，喉頭會覺得回甘，類似陳皮、龍眼乾的水果甜感，是乾爽的木質調香氣。

而烏龍茶的焙火程度則分如下：
1-2分，微火，茶湯顏色呈現蜜黃
3-4分，輕火，茶湯顏色呈現金黃
5-6分，熟火，茶湯顏色呈現橙黃色帶紅
7-8分，足火，茶湯顏色呈現橙紅或帶褐色
9-10分，重火，茶湯顏色呈現暗橙紅、深褐色

註：若是喝毛茶的話，因為尚未焙火過，其油脂含量比較高。

紅茶

屬重度發酵茶,所以兒茶素是高度氧化的狀態;而其中脂肪會轉換成茶紅質、茶黃質,所以紅茶才會是比較深的顏色。也由於紅茶不含脂肪,故不易酸化,所以常是外銷海運用的茶款。

紅茶有大葉種與小葉種,這兩種呈現的風味和茶湯物質略有不同。以大葉種(紅玉、阿薩姆、山茶)來說,由於它是喬木植物,通常長得很高大、根扎很深,所以能吸收來自土壤的礦物質,導致茶湯後段的回甜感比較明顯,而前段香氣的表現來自於揉捻和烘焙,入口就能感受到粗獷與個性,在舌面上的存在感比較重。

通常,為了讓茶的滋味比較平衡,會以輕柔手法萎凋與輕揉捻做處理;因為重度揉捻會完整破壞細胞壁,而讓茶湯較澀較濁、口感細緻度不足。而灌木的小葉種茶樹,著重於中後段的風味表現,可以品嘗到細緻高雅的香氣和滑順的果膠質感受,相較於大葉種來說,小葉種是比較溫和的風味。

果香型	高	東方美人茶 （白毫烏龍茶）	紅烏龍	鐵觀音茶
花香型	中	花香型烏龍茶	凍頂烏龍茶	
清香型	輕	高山烏龍/ 文山包種		凍頂烏龍茶
焙度		輕	中	重
屬性		生茶	半生熟	熟茶

焙火度：茶香過焙火程度的加深，逐漸轉為米香、蔗糖香、木質香、焙火香。

說明1：為使讀者容易初步了解，此台灣烏龍茶分類表僅以概括的方式將台灣特色烏龍茶進行歸類，表格為「七三茶堂」提供。
說明2：未被列出的烏龍茶仍能以發酵度與焙火度兩個向度與程度來進行歸類。

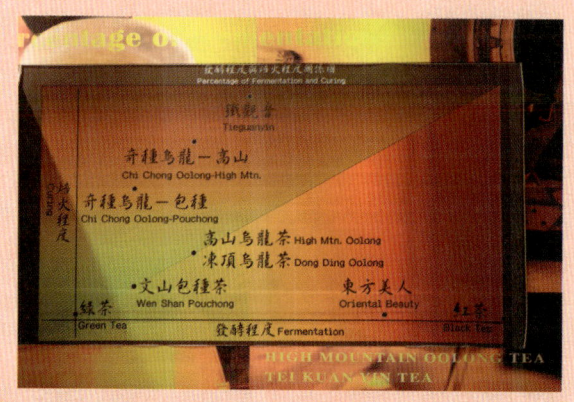

毛茶製茶過程中，茶葉歷經發酵程度的加深，由清香逐漸轉化成輕花香、熟花香、果香、熟果香。

攝影／王正毅　攝影協力／有記名茶

三要素讓泡茶更對味

如果已經買到很好的茶,當然希望在家泡的茶是最對味、最好喝的,然而泡茶會牽扯到的變因很多,其中以「溫度與萃取」、「器皿」、「水」這三件事為最主要。只要懂得箇中訣竅,你也能嘗試泡出好喝的茶。

器皿

選擇茶器茶具,首要了解的是材質。常見的材質有白磁、朱泥、紫砂、陶土…等,它們的毛細孔多寡不同、器具厚薄度不同,所以聚熱保溫效果也因此而異。

1. 白磁（密度高,沒有毛細孔）
2. 朱泥壺（密度高,有非常細微的毛細孔,含有鐵的物質）
3. 紫砂、紅紫砂、黑紫砂（密度中等,有毛細孔,硬度高）
4. 陶壺（密度最低,毛細孔多且觸感粗糙）

通常,毛細孔少的材質,其聚熱保溫效果好,茶湯可以保持在一定溫度,例如紫砂材質。若從另一角度來看,比方萃取率的話,白磁的萃取率一開始可以很高（平均溫度下）,但後續的降溫也比較快。

溫度與萃取

　　茶湯香氣與溫度是成比的,因此通常會建議以滾水(99-100度)泡茶,能最真實地感受茶湯風味,而且香氣也較明顯、奔放。當然,近來深受許多人喜愛的冷泡茶,雖然香氣比較不明顯,但較能感受到口感,也是一種享受茶的方式。

　　萃取茶湯時,若溫度、時間、置茶量與水量若控制得當,就能感受到前中後味的享受,前段是花香、果香(與焙度有關),中段是茶本質的味道,後段是單寧感(與梗脈有關),過萃或萃取不足都會讓茶湯失去原有風味。其中,後段有的單寧感是因為茶含有茶鹼,單寧成分會帶出苦味、澀味,但正常的苦味是苦後回甘,而不是化不開的苦味,因為太苦澀代表茶菁可能走水不順或沒焙透。萬一真的買到太澀的茶,不妨嘗試降溫泡,只萃取茶乾外圍的部分,如此就能減少澀度了。

註:一般建議1g茶乾兌上50ml滾水,但實際上請依不同品牌的茶款沖泡說明操作為佳。

水

　　建議用含氧量較高的「活水」來泡茶，一般家中的自來水、過濾水，或是市售的礦泉水都屬於活水。再往下深究的話，水中的礦物質含量也影響茶湯滋味，也就是與水質軟硬、成分有關。

　　舉例來說，而市售礦泉水包括了硬水與軟水，主要依礦物質含量做細分。硬水的口感較有稜有角、存在感明顯；而軟水喝起來比較清甜、滑順，像是負離子水就帶有甘甜感、軟硬度適中，用它來泡任何茶的話，幾乎都能有中等表現。還有一種是純水或逆滲透水，由於所含物質少，非常乾淨，用它們泡茶的味道會比較平、特色不明顯。

　　若有機會依據水的軟硬度對應茶款做沖泡的話，茶湯滋味的確會有較好的平衡度。比方，硬度較高的水適合泡烏龍茶、高山茶、綠茶、煎茶⋯等，如此泡出來的茶湯較有滋味、飽和度佳；若用硬度低的水，泡滋味比較重的茶，其尾韻則可以拉得比較長。用軟水或硬水沖茶，其實就像清湯、濃湯各有不同口感，依據自己的喜好，可以嘗試用不同的水來泡茶。

台灣茶地圖

3

在台灣，從南到北都能找到好滋味的茶，產區分佈廣泛，每個地方都有自己的特色茶，因著土壤、水質不同孕育而生的風土之味，讓我們的台灣茶有著豐富多元的樣態。

Area 北北 【茶區】

台北市、新北市產的在地茶，海拔約在200-700m。這裡的特色茶，包含了清香怡人的「文山包種茶」、講求茶韻、有弱酸果香的「鐵觀音」，另外還有來自三峽的「龍井茶」，是屬於不發酵的綠茶。

[台北市]

木柵｜鐵觀音、韻紅紅茶
南港｜包種茶

[新北市]

三峽｜龍井茶、碧螺春、蜜香紅茶
坪林、石錠、新店、深坑｜東方美人茶、文山包種茶
石門｜鐵觀音
林口｜龍壽茶

桃竹苗【茶區】

桃竹苗產的在地茶，海拔約在150-1000m不等。在此眾多茶區中，最為人所知的，就是白毫烏龍茶，即「東方美人茶」，而在苗栗又被稱為「膨風茶」，明顯的果香蜜香十分迷人，是台灣特有的茶款。

[桃園]

龍潭｜龍泉茶　　楊梅｜秀才茶
拉拉山｜高山茶　大溪｜武嶺茶
蘆竹｜蘆峰茶　　復興｜梅台茶
平鎮｜金壺茶　　壽山｜壽山名茶

[新竹]

關西｜六福茶
湖口｜長安茶
峨眉｜東方美人茶

[苗栗]

峨眉＆北埔｜東方美人茶
獅潭、大湖｜包種茶
頭屋、頭份、三灣｜東方美人茶

台灣茶地圖

宜花東 【茶區】

Area

宜花東產的在地茶，海拔約在150-800m不等。其中，花蓮瑞穗所產的「蜜香紅茶」有著熟果香與蜜香味，是繼「東方美人茶」後又一款的台灣特色茶。

蜜香紅茶採用大葉烏龍進行製作，也需經過小綠葉蟬的叮咬，而製法介於「東方美人茶」與一般紅茶之間。不過，早在蜜香紅茶受到大眾注目之前，60年代即有的「鶴崗紅茶」，在當時早已頗富盛名。

[宜蘭]

礁溪｜五峰茶
大同｜玉蘭茶
三星｜上將茶
冬山｜素馨茶

[台東]

金峰｜金峰茶
太麻里｜太峰茶

[花蓮]

瑞穗｜天鶴茶、蜜香紅茶
鹿野｜紅烏龍茶、福鹿茶
玉里｜花蓮高山茶

礁溪
大同　三星
冬山

玉里
瑞穗
鹿野

金峰
太麻里

53

中南部【茶區】

從台中山區開始,至最南端的屏東—港口地區,是全台產茶最為豐富的區塊,海拔約在500-2600m不等。只要上到海拔1000m以上,就能稱為「高山茶」;而像梨山、大禹嶺、福壽山⋯等地,因為高冷、日照短、日夜溫差大、雲霧多,產出的茶蘊含山林特有的氣息,茶葉的果膠含質也多。

在中南部,除了高山茶聞名,低海拔的南投名間鄉則為全台產茶量之冠,深具經濟規模,是歷史悠久的茶區,它位於南投市的南端、八卦山脈的丘陵地。

此外,南投魚池鄉產的紅茶也相當知名,包含了台茶21號—紅韻、台灣18號—紅玉,以及外來種的阿薩姆紅茶。

[台中]

鹿谷｜凍頂茶
八仙｜福壽長春茶、武陵茶
和平｜梨山茶
合歡山｜高冷茶

[南投]

魚池｜紅韻紅茶、紅玉紅茶、阿薩姆紅茶
名間｜金萱紅茶、松柏長青茶
阿里山｜珠露茶
竹山｜杉林溪高山茶
玉山｜玉山烏龍茶
中寮｜二尖茶
水里、信義｜玉山茶、勝峰茶
仁愛｜天盧茶、天霧茶、宿霧茶
大禹嶺｜松韻茶
南投市｜青山茶

[雲林]

林內｜雲頂茶
石壁｜高冷烏龍茶

[嘉義]

梅山｜龍香紅茶、烏龍茶
竹崎｜高山茶、珠露茶

[高雄]

六龜｜六龜茶
桃源｜寶山茶

[屏東]

滿洲｜港口

台灣茶地圖

台灣茶的百年歷史

台灣茶已有百年歷史，從日據時代開始，為因應出口需求，在本島大量製作紅茶，也因此打開了國際市場。走一遭大溪老茶廠，了解台灣茶的過往與現今，窺見每個年代裡的歷史足跡。

採訪撰文／傅紀虹　攝影／陳家偉

孕育並列世界三大紅茶的老茶廠

座落在桃園大溪慈湖附近，融合台、日、英式風格的綠建築，是大溪老茶廠現在的樣貌。百年前，日本三井合名會社來台，在大溪水流東社區興建新式的製茶工廠，外型參考印度大吉嶺茶廠形式，在台灣早期製茶產業中，無論是產量或品質上，都佔有舉足輕重的地位。

不僅在台灣，大溪茶廠在國際市場上，曾以日東紅茶，為台灣奠定了知名高級紅茶的地位，並製作出並列世界三大紅茶的高級紅茶─台灣紅（Formosa Black Tea），在當時倫敦拍賣會上，大放光彩。

Part 1　風土之味・台灣茶種與產地

現在的大溪茶廠，名字多了個「老」字，修繕時保留了時代的印記—老茶廠的老石牆、151根交錯的木造衍架、藍灰色的窗櫺、製茶機具等，以原有的挑高建築舊貌，規劃出新的空間思維，加入現代新設計的工業風。將人文、歷史、建築、自然、融入成一個有茶、有書、有倒映天光的茶生活空間。

位於茶廠二樓，保留共計151根的檜木木造衍架，運用榫頭和力學結構，交錯縱橫排列。

老檜藍灰色窗櫺有著工兵整修的痕跡,是早期製茶時,為加快茶菁萎凋,特別設計可以90度開啟,將氣流可以引入茶廠,搭配大型風扇,將製茶產生的大量熱空氣排出,促進茶葉萎凋。

圖解台茶的歷史今昔

1920年代

日本三井物產株式會社,即台灣農林的前身,在大溪興建製茶工廠,稱作角板山工廠。當時以機器化製茶,極力在國際間推展台灣紅茶,打開國際市場,製作出當時非常知名的高級紅茶「三井紅茶」,後改名為「日東紅茶」,奠定了台茶在國際上的地位。

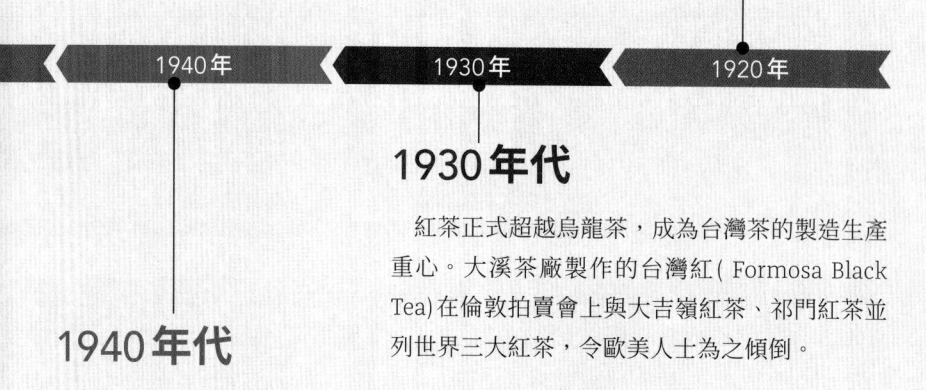

1940年　　　1930年　　　1920年

1930年代

紅茶正式超越烏龍茶,成為台灣茶的製造生產重心。大溪茶廠製作的台灣紅(Formosa Black Tea)在倫敦拍賣會上與大吉嶺紅茶、祁門紅茶並列世界三大紅茶,令歐美人士為之傾倒。

1940年代

在台灣茶外銷鼎盛時期,角板山工廠生產佔台灣紅茶生產量,年產600英噸之多,一天三班,日夜運轉機器,仍不足以供應外銷需求。1946年日本戰敗,台灣政府以台灣農林公司接收三井會社及各茶廠,同年將角板山工廠改名為「大溪茶廠」。當時台灣茶葉外銷市場興盛,茶葉被稱為「黑金」,外銷歐美達到顛峰,大溪茶廠在此時的台灣茶產業佔有舉足輕重的地位。

1950-70年代

因台灣政府在土地改革下,農業興盛,堪稱台茶的黃金時代,有「南糖北茶」之美譽。大溪茶廠的母公司台灣農林公司開放民營上市,因擁有茶園、茶廠及製茶設備,致力發展茶葉的加工與外銷,早年台灣經濟起飛,大溪茶廠亦佔一席之地。

然而在1956年疑因機器操作不慎,導致一場大火,大溪茶廠幾近付之一炬。當時蔣總統在前往角板山行館時,因不見熟悉的茶廠,在了解原委後,下令工兵重建,歷時三年後完工,至今大溪茶廠中仍可見到工兵重建之痕跡,大溪茶廠成為具有中、英、日風格的難得建築。

1973年台茶外銷產量達到最高峰,計有2350萬公斤,大溪地區所生產的茶葉,高達120萬公斤之多。台灣農林公司所生產的茶葉享譽國際,大溪茶廠在其中扮演著重要的角色。

> 1990年　　1980年　　1950-1970年

1980年代

那時期台幣升值、台灣勞動成本增加以及大環境…等因素,導致台灣茶葉生產成本上升,與其他國家相比的外銷價格太貴,逐漸失去競爭力,產量也因此逐年遞減。茶葉由外銷轉內銷,生產面也因應台灣人喜好,轉為生產包種茶和烏龍茶,而政府為了推廣內銷,廢除了「製茶管理規則」,讓茶農可以自產自銷,使得大型製茶廠減少,代之而起的是自產自製的茶農。

1990年代

台灣零售的包裝茶飲興起,茶類飲料逐漸取代碳酸飲料,為因應市場需求,飲料製造商開始大量自國外進口成本較台灣低廉的茶葉,主要自越南、錫蘭、中國、印尼進口,台灣茶葉進口量超越出口量。1995年台灣農林公司停止大溪茶廠運作,直到2014年修繕整建完成,將大溪茶廠再起營運。

百年茶廠的製茶昔今

大溪老茶廠的百年歷史,不僅保留下茶廠建築,也將曾經並列國際三大紅茶的製茶流程以及機具保留下來,目前仍持續用著走過70年歲月的傑克遜揉捻機製作紅茶。茶廠中的紅茶製作程序仍與過去茶葉外銷時期的方式相同。

1 — 採菁

從茶樹上採收下來的嫩芽與新葉稱為「茶菁」,一早採摘後送到工廠。在清明節前手採春天的第一批嫩芽,即為俗稱的「明前茶」,以製作綠茶為主。立夏之後,所採的茶菁以製作紅茶為主。

採菁

2 - 萎凋

茶菁經過人工檢視後,將茶葉放在萎凋網、檜木萎凋架或是萎凋槽上,開始進行萎凋。萎凋也就是將茶菁多餘的水分去除,使茶葉葉片變得柔軟,在製作的過程中不易破碎。在此時,茶菁的香氣會有不同的變化:

1-2小時:沒有特別的味道
2-3小時:逐漸浮現青草味
3-5小時:出現更濃的青草味,即俗稱的臭菁味
5-6小時:浮現淡淡的清香味
7-12小時:清香味逐漸增加,且趨於濃郁

在萎凋的過程,茶葉水分流失,走水率約13%,最後製茶師會依照茶葉的色澤、香氣、走水程度來判斷萎凋程度。

炒菁 ← 萎凋 ←

3 - 炒菁

紅茶不需要炒菁,炒菁是綠茶重要製作環節,透過炒菁機炒菁以高溫破壞酵素活性,抑制茶葉發酵並去除臭青味,此步驟會讓茶葉中的水分大量蒸散,走水率約20%。炒菁同時會讓茶葉質地柔軟,有利於後續揉捻成型。

4 — 揉捻

　　大溪茶廠以速度較快的望月揉捻機揉壓茶菁，改變茶葉細胞壁型態，讓茶汁沾附在葉片上，如此沖泡時多酚物質和茶葉精華才可迅速釋出，是茶湯甘甜與否的重要步驟。製作紅茶時，是用未經過炒菁的紅茶葉製作，需要較長時間、較大平台的傑克遜揉捻機製作。目前大溪老茶廠，仍保有70歲骨董級的傑克遜揉捻機（如左圖）製作紅茶，其揉捻出的捲曲條形紅茶，成了傳統紅茶的代表。

解塊　←　揉捻

5 — 解塊

　　茶菁會因為揉捻而捲縮黏結成塊，解塊是用人工或機器方式，將茶團解開，有助於後續乾燥的作業。

以上為大溪老茶廠現今仍保留的製茶機具。

6 - 發酵

發酵是紅茶製程中重要程序，綠茶則不需要發酵。茶葉中的茶多酚，會藉由空氣中的氧氣，進行酵素氧化作用，轉化為具有蜜香的氣味。適合發酵的環境是高濕度、低溫和具有適當的氧氣，因此需要在特殊的發酵室中進行。最後經由製茶師依照茶葉色澤和香氣，來判斷發酵是否完成。

乾燥 ← 發酵 ←

7 - 乾燥

用乾燥機的熱風烘乾茶葉，讓含水量低於5%，在包裝、儲藏、運銷中，才能保持茶葉的品質。通常為了使茶葉內外乾燥一致，常採用兩次乾燥法烘乾。

時光流動的茶文化空間

現在走入大溪老茶廠,可以感受到的茶文化豐厚度,比舊時代更盛。茶廠至今仍持續製茶,並且加入了自然農法的栽種方法,從種植、製作、包裝質材與設計等,將茶的生活美學,貫徹到空間、嗅覺、視覺、味覺等整個感官與心靈中。

坐在茶書屋內,可感受到一室空間布滿煮茶的香氣與溫度,椅子的高度特意設計得與適合用餐的高度不同,正適合品茗和閱讀。在品茗空間的另外一側,有著黑白交錯,猶如書卷的普洱茶牆,茶猶如書,文化底蘊值得在此細細品味。

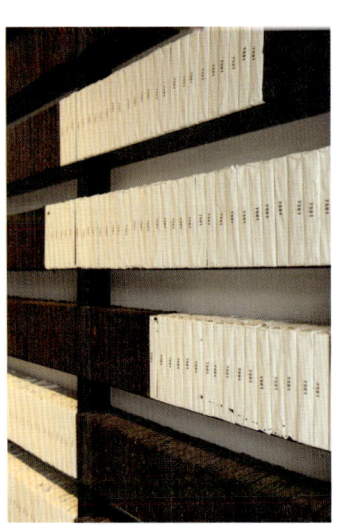

炭火煮出的茶香,佈滿在茶與書與屋之間。

望向落地窗外，有著映著天光的淨水池，此處是過去後山採茶的茶農，將茶葉帶來秤重的廣場，在將茶葉搬入工廠前，會在此廣場邊洗淨腳上的污泥。老茶廠將此闢建為淨水池，讓遊人可以在此沉靜、開闊、通透的空間中佇足，思索著舊時農人淨足，今人則凝視著水波，滌去塵俗的雜思。

好茶要配好食，大溪老茶廠提供在地當季蔬食，蜜香紅核果排漢堡、清新甘苦茶油拌麵線、桐花綠豆糕、茶廠自製的起司雪紡蛋糕…等，還有大力推薦必嚐的「特製甘茶蛋」—以2種老茶廠特色紅茶混合月桂葉、陳皮等製作而成，味道甘香獨特，令人回味。

除了大溪，也到其他茶廠走走

註：68－69頁拍攝地點為銅鑼茶廠

台灣農林公司旗下除了大溪老茶廠，還有日月老茶廠（前身是魚池茶廠），這裡著名的是紅玉紅茶（台茶18號）；以及製作碧螺春聞名、座落於三峽海拔700m的「熊空有機茶園」，而位於三峽的「大寮茶文館」則重現昭和時期的茶場風華，其特色為超過35年的「古樹茶」與全然野放的「野放茶」，另外還有能親身體驗採、製茶的「銅鑼茶廠」。

來銅鑼，看看小火車、體驗自製茶

位於苗栗銅鑼的「銅鑼茶廠」，佔地約41公頃，因為茶區的不同，這裡產製最有名的是「東方美人茶」，另也有產蜜香紅茶、綠茶。此茶區的土壤為酸性黏質的紅泥土，茶廠身處於日夜溫差大且濕度高的丘陵台地上，從茶廠望出去，能看到每天會行駛的小火車呼嘯而過，以及會隨天候變幻晴雨的九華山頭。

來銅鑼茶廠，一定要試試自己採茶製茶，從萎凋開始，到炒菁、揉捻、解塊、乾燥、挑枝、包裝⋯等步驟，體會一杯好茶得來不易；其實，製茶過程比咖啡更加繁複、更費人力，實地了解才能體會台灣茶蘊含的價值與珍貴。

Part

2

品茗日常。
讓喝茶變簡單

―茶人教你泡茶―
―茶知識Ｑ＆Ａ20―
―我們的台灣茶設計―

茶人教你泡茶

泡茶、喝茶早已不是爺爺時代的壺泡方式,其實泡茶也能像品咖啡一樣有趣,可以簡單、亦能有情調地,用各式道具為自己或家人好友泡茶。

用不同方式泡好茶

快速即飲！馬克杯泡茶法

如果你問茶人們，什麼樣的方式泡茶最簡單？大部分的茶人會說，用馬克杯泡吧！因為素材易得，而且快速就能取得茶湯飲用。如果你手邊的不是袋茶、茶包，可使用以下泡法：取一個350ml的馬克杯，兌上5g的茶乾，靜置茶葉3分鐘，不用撈出茶葉，適合一次性飲用。

今天，想用什麼樣的方式喝茶呢？除了一般印象中的壺泡，還有許多泡法能讓你享受茶湯不同的滋味表現。如果，今天是在辦公室泡茶，或是想快速簡單地即飲，可以選擇「馬克杯」或「碗泡」。若是在家裡悠閒泡茶，或是和朋友一起聊天共飲，除了壺泡，咖啡手沖壺、虹吸壺也能做使用，欣賞茶液緩緩流動。

還有，特別受到年輕人喜愛、適合炎夏的「冷泡」，只要有玻璃杯或有蓋的玻璃瓶，先浸置茶葉一晚，隔天就有一瓶冰涼好茶能飲用。喝茶的方式很多，一起來選擇你有興趣的方式，體驗一杯茶給你的甘醇時光。

蓋杯泡

想表現茶的香氣時,通常會使用蓋杯泡,帶有茶香的水蒸氣會附著在杯蓋上,藉此嗅聞到茶的清香氣息。若選用的是條索狀的茶,約泡25秒就可以出湯,另外,重視香氣的輕發酵茶也適合用蓋杯泡。

註:此方式適用條索狀的茶

1
泡茶之前,先看看茶乾外觀並且聞香、判斷風味。

2
先以90℃以上的熱水溫杯,讓杯子溫度上提至60℃左右。

3
約15秒後,將水倒入茶海。

4
將茶海裡的水倒入小杯中溫杯,再將小杯內的水倒掉。

示範/茶米店

7

靜置25秒後出湯,將茶倒入茶海中,準備分杯。

6

倒第一泡是溫潤泡,請輕柔注水、均勻蓋過茶乾,香氣就會被拉上來。

5

接著用茶匙,輕輕撥入茶乾於蓋杯中。

9

第二泡開始,都是靜置15秒就可出湯;但每次注水時,需沖低一點,並且不要只沖一個點,繞水才能均勻萃取。

8

除了分小杯,也可直接將茶倒入另個茶杯中單獨飲用。

Part 2　品茗日常。讓喝茶變簡單

碗泡茶

碗泡是很親切的泡茶方式，利用一只瓷碗、一隻瓷湯匙，就能簡單泡。由於瓷器不易附著味道，是很中性的材質；通常，茶商到產地買茶、或要試茶農的茶時，也會用這種泡茶法。

1
以順時鐘方式，注熱水入碗、溫杯，約 4、5 分滿。

2
用瓷湯匙將水舀入杯中，進行溫杯的動作。

3
將茶乾倒入碗中，碗中熱氣會使茶散發香氣，此時先聞香。

4
以順時鐘注熱水入碗，約 7、8 分滿。注水力道要輕柔，並讓每片茶葉都能平均泡入水中。

示範／八拾捌茶、二三茶栽

About tea
茶 人 說

除了用大碗泡茶,也能用小型瓷杯來泡。在比賽茶時,也是用瓷製的評鑑杯,最能實測茶湯顏色、香氣、葉底狀態。

5
用瓷湯匙稍微撥動茶葉,觀察茶葉的舒展狀態。

8
拿取沾過茶液的瓷湯匙先聞香,之後再將茶分杯。

壺泡茶

壺泡是一般印象中的泡茶方式,若使用的是陶壺,因為毛細孔比較大、容易吸附茶湯味道,所以有部分人士會以此方式養壺。不過,現今的茶壺早已不侷限陶製,清透的耐熱玻璃壺、不吸味的白瓷茶壺也是很多人的茶器選擇。唯需注意的是,用小壺與大壺泡茶的方式不完全相同,注水力道與萃取方式曾有所差異。

註:使用的是紅紫砂壺與球狀的烏龍茶

示範/茶米店

1

將95℃熱水倒入壺中,蓋著溫壺15秒,然後將水倒出溫杯。

2

接著置茶乾,用茶匙尖端,將茶乾輕置於壺中,選用的是球狀的烏龍茶。

4

出湯,將茶倒入茶海中,準備分杯。

3

將95℃熱水倒入壺中,第一泡是溫潤泡。注水時可大力一些,等待50秒至1分鐘。

6

第二泡時,因為茶葉已展開,注水時的力道可以小些,由茶葉中心到外圍輕輕注水即可,等待30秒即可出湯。

5

將茶湯分到小杯中飲用。

冰滴茶

若想在家嘗試冰滴茶,建議選用茶乾外型比較小、半球形的高山烏龍茶來做,這樣茶湯香氣和口感比較明顯。在冰滴壺中放入丸型濾紙,放入15g茶乾,再倒入470ml的水,讓茶乾完全被浸潤(若用600ml的冰滴壺,請兌上19-20g左右的茶乾)。以冰滴壺上的節流筏控制滴落的速度、口味的濃淡,一滴大約3秒的時間,共6小時能取得一杯茶。

註:示範選用的是十間茶屋的「初之紅香」、「暮梨紅水」。

1

冰滴壺的設計共有三段,最上層放置冰塊和水,藉由節流筏控制滴速與濃淡;第二層放入丸型濾紙和茶乾。除了高山烏龍茶,捏碎的條索狀綠茶、紅茶也適用。

2

滴完的茶湯會被最下層的玻璃杯承接,可直接飲用,或倒進冷水壺中、放冰箱冰存一晚,方便隔天飲用。

示範/十間茶屋

手沖茶

用手沖咖啡壺來泡茶,其實很類似宋朝的「點茶」,以熱水柔沖至切片茶上,讓水緩慢滴下,直到茶湯呈水滴狀落下時,再加強力道沖入熱水第二次,香氣就會被提上來、一次性地被釋放,建議最多沖到三泡。適合手沖的茶款為綠茶或東方美人茶,茶型需為碎型,才容易讓茶葉浸潤並做後續的沖泡。

1 在墊好咖啡濾紙的濾杯中放入切片茶,並注入70-80℃熱水(老茶則用95℃),請以柔沖方式茶葉均勻浸潤。

2 待茶湯落下呈水滴狀時,再以70-80℃熱水加強力道沖入第二次,最後將茶湯從手沖壺倒出。

About tea
茶人說

Crush Tear Curl(簡稱CTC)的茶適合手沖,在國外會使用優質的紅茶原料進行壓碎Crush、撕裂Tear、揉捲Curl的步驟,讓茶葉變成片狀,經沖泡後,會一次性釋放香味。而東方常見的半球狀或球狀茶就不適合手沖,因為水分浸潤茶葉的時間太短,茶葉無法確實被伸展開來,再者香氣與滋味的表現也會不佳。

示範/台灣伍中行

Part 2 品茗日常・讓喝茶變簡單

虹吸壺煮茶

如果家裡有老茶、普洱茶，可用虹吸壺煮茶，讓雜味或倉味去除。以高溫100℃的水持續煮，萃取出濃郁茶湯，大約飲用一至兩泡；若覺得煮好的茶太濃的話，可加些開水，調整成自己喜愛的濃度。用虹吸壺煮茶的時間不宜過長，以免茶鹼釋放太多，讓飲用者胃不適。

1
在虹吸壺中注入100℃熱水。

2
將乾茶置入虹吸壺，選用的是碎形的老茶。

3
以茶匙讓乾茶分佈均勻。

4
沖入100℃熱水。

示範／茶米店

7
接著將茶湯倒入茶海中。

6
萃取好的茶湯。

5
讓茶湯慢慢萃取,直至水位完全降低。

9
進行第二泡時,同樣注入100℃熱水即可。

8
除了分小杯,也可直接將茶倒入另個茶杯中單獨飲用。

茶知識 Q&A 20

關於茶,你了解的有多少?做茶的每個步驟都有學問,以及泡茶、品嚐茶也有知識在其中。讓七三茶堂的專業茶人為你解惑茶的小知識,同時破解關於茶的一些迷思。

P85-107撰文為 七三茶堂╱王明祥

QUESTION 1

高山茶與低海拔茶的不同？海拔高度會影響茶風味？

若不考慮各地製茶工藝與茶樹品種的差異，那麼「栽種環境」就是影響高山茶與低海拔茶風味的最主要因素了。通常，高山茶園日夜溫差較大，茶樹會生成較多具有甘甜感的「茶胺酸」與稠度的「多醣物質」，因此造成苦或澀的物質生成就較少。所以普遍來說，高山茶比低海拔茶來得甘甜、苦澀度低、口感稠度也較高，但這並非絕對的。

QUESTION ❓

2 | 常聽到「一心二葉」，這是採茶的標準嗎，一定得一心二葉？

「一心二葉」可說是採茶的標準，或者也可說是行銷用語吧。在製茶的專業上，其實會依照製作不同的茶，採摘標準也隨之不同。例如：製作綠茶或紅茶的茶菁會要求「嫩摘」，通常會一心一葉、最多到一心二葉。

製作烏龍茶的話，就需相對成熟的茶菁來幫助發酵度的掌握，所以可摘到一心三葉。不過，台灣是製作烏龍茶的專門國家，對烏龍茶的採摘其實有更多細節與標準，而且消費者所理解的一心二葉的「心」，也許想像成茶芽，但對專業烏龍茶製茶師而言，一心二葉的「心」代表的是專業用語--「駐芽」，兩者可是大不相同的。

QUESTION 3

請解釋一下「茶菁」，以及其中的內含物質。

「茶菁」指的是從茶樹摘下，準備開始一連串製茶工序的新鮮茶葉。在產地，「茶菁」通常以台語稱呼為「茶菜」。經過製茶程序而逐漸變乾燥的茶葉，則稱之為「茶乾」。而喝茶，其實是喝茶乾內含且溶於水的風味物質。

概略的說，其風味物質主要有：茶多酚（兒茶素）、茶胺酸、咖啡因與一些香氣物質及茶色物質。茶多酚（兒茶素）帶來主要的味覺感受是澀感、收斂感；茶胺酸則是帶來甘甜味；咖啡因則是帶來苦味。

QUESTION ?

4. 做茶看天氣，如果天氣不好、趕工所做的茶可能有什麼缺點？

製茶是十分講究工序、需要日以繼夜持續進行的，等待一個步驟充分完成了，再按部就班地進行下一個製茶步驟，趕工不得更馬虎不得。

以製作烏龍茶舉例，茶葉的「走水程度」與「發酵程度」的掌握，就是製茶師在整個毛茶製作過程中最重要的任務。採茶時，若遇下雨，或製茶時遇到濕氣較重的天候，那麼茶葉內的水分散失就會變得緩慢且不易，會接連影響到後續的茶葉發酵工序。若發酵不足，會導致成品茶達不到製茶師傅理想的茶葉發酵香氣、茶湯也因為茶葉內的兒茶素沒有適當的發酵轉換，而顯得苦澀刺激。

QUESTION 5

有些烏龍茶有「菁臭味」，為什麼呢？

　　烏龍茶絕對講究「發酵程度」的掌握。發酵程度輕，會產生不同層次的花香；發酵重，則會展現出不同成熟度的果香。特別是製作輕發酵的烏龍茶時，例如「文山包種茶」或「高山烏龍茶」，因為追求輕度發酵的清花香，所以製茶時，都小心翼翼地掌握那微度輕度的發酵。

　　但若過於小心或遇到天候不佳而導致走水與發酵不足，就會產生出老師傅所說的「菁臭味」，那是一種尚未轉化成花香發酵香的前味。根據我的嗅聞經驗，「菁臭味」是接近「濕草香」，其實「菁臭味」它並不臭，只是它距離迷人的清花香還有一小段差距。

Part 2　品茗日常・讓喝茶變簡單

QUESTION ?

6　手工團揉的茶和機器製作的茶，其風味的差異是？

　　反覆團揉的目的，除了幫助茶葉整型之外，還能把茶葉內的風味物質團揉出至茶葉表面，讓茶葉容易泡出滋味。手工團揉需要極大的力氣，還有反覆團揉更需要極度的耐心、毅力。

　　隨著科技發展、時代進步，其實現代人已不容易喝到手工團揉的茶了。茶改場所研發或推行的團揉（打布球）機器可減少大量手工團揉的人力，讓製茶師們能更專注在茶葉的走水、發酵與乾燥程度上，以有效確保毛茶的風味表現。

　　若要說風味上的差異，那可能是相對於機器的大量製作，手工團揉製作的茶量相對少，更能以人的肌膚、視覺、嗅覺，細緻靈敏地照顧到團揉中的茶葉，透過滋味感受到製茶師的細節與用心，我相信在風味展現上一定有相當的差異。但，製茶細節多且每個細節都會影響最終成品茶的風味，因此，無法特別歸納出手工與機械團揉所致的風味差異。

QUESTION ?

7 有時會聽到某地的茶很好，或是某款高山茶很棒，產地決定茶滋味嗎？

在我的喝茶經驗裡，「地理風土」清楚明顯的影響了成品茶的風味品質表現，但並非絕對。地形、天候、土壤絕佳的產區能培養出品質優良的茶菁原料，但茶葉是經過天、地、人三方的參與才能完成的。所以一泡好茶的形成，還需要經過製茶技術的考驗才能決定。

QUESTION 8

茶也分淺焙、中焙，重焙，不同焙度的品飲樂趣是？

台灣人愛喝烏龍茶，因此，不只細究不同烏龍茶發酵程度的風味差異，也探討焙火程度的深淺所帶來的啜飲享受。

在六大茶類的分類裡，也只有烏龍茶是特別講究不同焙度間的風味表現。以下概略說明：

淺焙烏龍茶：俗稱的「生茶」，它保有產地毛茶的清新香氣與鮮活生命力，淺焙目的為降低成品茶的含水量。

中焙烏龍茶：俗稱的「半生熟（茶）」，則能同時感受到茶葉的活性與焙火所帶來的雙重喉韻享受。

重焙烏龍茶：也就是俗稱的「熟茶」，能讓烏龍茶更具濃郁的焙火氣味與溫和不刺激的口感，視覺與滋味上也更加的明顯深沉與耐喝。

QUESTION 9

不同的茶，沖泡溫度需不同嗎？

　　泡茶，不只是浸泡茶葉，然後將滋味全數萃取出來而已，而是透過泡茶，我們能欣賞感受到茶葉展現出來的絕美風味。透過一杯好喝的茶，瞬時讓自己心情愉快雀躍，才是我覺得泡茶最迷人也最讓人興奮的地方。

　　當然，不同發酵度的茶，或者應該說不同風味特性的茶，其實都該要有不同的泡茶方法。概略來說，綠茶或帶有花香或蜜香的茶需要降溫泡；泡條型茶時，注水需輕柔且要降溫的熱水浸泡，而球型茶則需較高溫度的熱水，以及注水時給予力道，讓茶葉充分接觸熱水，才會泡出層次豐富的好茶。

QUESTION ❓

10　茶乾、茶湯、葉底怎麼看？

　　「茶乾」，指的是成品茶，因為是經過乾燥或焙火完成的乾燥茶葉，所以稱之。「茶湯」，則是茶葉經過浸泡後所萃取出的茶液體。「葉底」，則是茶乾經過浸泡後，倒出茶湯後餘留在茶壺的濕潤茶葉。

　　有豐富喝茶經驗的人，能透過觀察「茶乾」、「葉底」與嗅聞啜飲「茶湯」，就能猜測出茶葉的身世背景。就我本身的經驗，那都是能透過經驗的累積與學習，能客觀地分辨出一二的。

Part 2　品茗日常。讓喝茶變簡單

QUESTION 11　如何透過視覺、嗅覺、味覺來認識茶？

以下就這幾個面向，淺略地做說明。

視覺觀察：我們能輕易分辨出茶葉外型，比方是條型茶或球型茶。依據茶葉的發酵程度，綠茶的茶乾呈現翠綠墨綠色、烏龍茶的茶乾則有數種不同顏色表現，而紅茶類則是紅黑色的茶乾顏色。

嗅覺香氣：透過嗅聞茶乾、茶湯、杯底香或者葉底香，來分辨茶葉的發酵程度與焙火程度，甚至是細微的品種香。

味覺品嚐：茶湯入喉，能更細微敏銳地偵測與審視，關於口中的茶的一切細節。因此，若要認識茶，需透過視覺、嗅覺與味覺的結合，才能綜觀去感受。

12 從茶乾的外觀可以判定茶湯滋味嗎？比方是否會澀？

　　端從茶乾的外觀，是無法獨斷地判斷出茶湯的最終滋味表現。想判斷茶湯滋味，還是需透過喝的味覺感受來做判斷。若對喝茶有興趣的話，建議大家可選擇購買數組茶葉評鑑組，依據茶乾外型做不同時間的沖泡。

　　建議球型茶3g／6分鐘，條型茶3g／5分鐘的方式來泡出茶湯，進行客觀的味覺比對與判斷。這樣的方式，也是比賽茶的標準萃取方式。

QUESTION

13 | 茶湯色澤與製程的哪部分有關？

　　若以綠茶、烏龍茶與紅茶這三類的茶而言,「發酵程度」與「焙火程度」都明顯的影響著茶湯的色澤呈現。發酵度由低至高,茶湯色澤大致會從淺黃綠色、黃色、橙色再到紅色;焙火度由低至高,茶湯顏色大致會從毛茶本身的顏色一路往淺褐、褐色再到深褐的方向發展。綠茶不發酵,而烏龍茶的發酵來自於浪菁與靜置,紅茶發酵則是來自於揉捻與靜置的製程。

QUESTION

14 「茶香」、「茶韻」的影響因子是什麼？

　　茶葉的香氣與滋味物質主要來自於茶葉的內含物質。在這些茶葉內含的物質基礎上，製茶師的參與會讓茶葉內的物質產生化學變化，轉變成茶香、保留或轉變茶滋味，甚至透過焙火，將毛茶的滋味缺點進行改善，提升喉韻表現。因此，茶葉本身的物質、製茶師的製茶手法與焙火功夫，都是影響「茶香」、「茶韻」的重要因素。

QUESTION 15

如何做出風味足的冷泡茶？和熱泡的差異？

　　每個人對於「風味足」的感受與期望是不同的，所以其實見仁見智。所謂的「冷泡茶」是以低溫、長時間浸泡的（弱萃取）方式所泡出來的茶湯；而「熱泡茶」則是高溫、短時間的（強萃取）方式萃取。

　　由於冷泡茶是低溫萃取，它的兒茶素與咖啡因的物質相較於熱泡茶會低許多、所以比較不苦。比起熱泡茶，冷泡茶的苦澀度較低微的情況下，味蕾也容易感受到茶胺酸所帶來的甘甜感受。因此，與其說冷泡茶風味足，不如說冷泡茶甘甜度佳。若依照茶乾外觀來泡茶的話，我的建議是：

條狀茶：置茶量3g ／容量400-500ml ／冷藏浸置4hr。
球狀茶：置茶量3g ／容量400~500ml ／冷藏浸置8hr。

QUESTION 16

春、夏、秋、冬分別有哪些茶代表？
喝茶一定要跟季節？

　　從小都聽長輩們說春、冬茶，長大後才知道，是因為這些長輩都是喝烏龍茶。因為春冬製作的烏龍茶，相較於夏秋來說甘甜度高苦澀味低，我自身的喝茶經驗也是如此。

　　因此，春冬茶的代表茶會推薦「高山烏龍」、「包種茶」。而，強調蜂蜜香氣的特色茶，因為需要小綠葉蟬的叮咬才能有高級茶的品質，小綠葉蟬又喜歡溫熱潮濕的環境，因此，夏季茶代表首推「東方美人茶（白毫烏龍茶）」、「蜜香紅茶」。

　　至於介於夏與冬的秋茶，秋茶有底蘊有秋香，我會推薦試試強調焙火工藝或需要發酵製程的烏龍茶，例如：「凍頂烏龍茶」、「紅烏龍」、「紅水烏龍」、「番庄烏龍」。跟著季節喝茶的想法雖然挺不錯的，但若喝茶能跟著每天的心情調整變化，那更是一個滿足自己的享受。

QUESTION ?

17 窨製茶怎麼做的？傳統與現今的做法有所不同？

　　窨製茶是利用茶葉容易吸附氣味的特性，而衍生出的製茶方法。傳統與現今的作法，都是利用這樣的原理加工製作窨製茶。古今的窨製茶做法也許差異不大，我想比較大的差異可能是在製茶環境與製作過程的衛生要求吧。

QUESTION ?

18 | 沒有專業茶具,如何在家泡茶?

泡茶工具絕對直接影響著茶湯好壞的表現。但其實,泡茶還有個赤子情懷,那就是「想要喝到好喝的茶」的心意。因此,想喝茶的當下,即使身邊沒有專業茶具,我仍會把身邊的器皿想像成茶具,思考這個器皿的優缺點,例如:容量、材質、保溫性、密閉性…等,再依據當下想喝的茶,來調整出適當的投葉量、熱水溫度、浸泡時間,甚至是注水的方法。

如果以上的說明還是沒辦法解決尚未有專業茶具的讀者的話,那跟大家分享一個一定能達成的「馬克杯泡法」。馬克杯容量通常落在300-400ml之間、馬克杯材質通常是陶或瓷、而且通常沒有蓋子,因此無法像茶壺能短時間、有效率的萃取茶滋味,甚至會隨著時間慢慢的降溫。

不過沒關係,我們將馬克杯無法保溫甚至會持續降溫的缺點,扭轉成泡茶的優點,建議置茶量3g／水量300-400ml／熱浸泡5分鐘,等茶葉舒展後再喝。別擔心茶葉持續浸泡在馬克杯中會加深苦澀,因為馬克杯內的茶湯溫度會持續降低,甘甜物質仍能持續釋出、而苦澀物質因水溫降低而無法持續釋出。依照這個方法,我們就可以能喝到苦澀適中、味體飽滿又充滿甘甜的美好茶湯。

茶知識Q&A 20

QUESTION ?

19 | 喝茶有適飲時機？

有的。若理性看待這個問題，那麼我們可以針對各茶類的內含物質特性來做概略的區別建議。例如，富含「兒茶素」的綠茶、輕發酵烏龍茶，建議飯後品飲；富含「咖啡因」的紅茶，則建議清晨、上午或者下午茶時飲用。

當然，切入這個問題還能有許多角度，也會因此給予不同的喝茶時機建議。若你有綠茶、烏龍茶與紅茶的喝茶經驗（即使那些喝茶經驗是來自於罐裝茶），那麼根據我的自身經驗，其實你的身體、你的心會告訴你當下選擇什麼茶來喝，請順從你的心。

QUESTION ?

20 | 如何保存茶葉？

茶葉是乾燥且容易吸附氣味的食品。因此，不論您選擇什麼器皿或材質來保存茶葉，都需要照顧到「維持乾燥」、「防止雜味干擾」的存放要求。

一般來說，買來的茶葉我們通常會放在原本的包裝袋裡保存。因為台灣生產的專業茶葉袋通常是鋁箔或電鍍材質，這兩者都適合用來保存封裝茶葉。相較於電鍍袋，鋁箔袋會再進一步的阻擋陽光中的紫外線、以延緩茶葉陳化的速度。

以上都只是短淺說明，若要討論茶葉的保存，其實需要另闢章節的細細探究。為避免存放困擾的最中肯建議是：若非有特殊的購茶目的，可以考慮購買少量包裝的茶葉，因為茶葉新鮮喝，就能喝到最佳狀態的茶，能讓我心情愉快，無價！

3

我們的台灣茶設計

近年來,許多茶品牌在設計上著墨、嘗試用不同的方式,做出屬於自己的台灣茶設計。有的品牌也和陶作家、設計師合作茶器、茶具⋯等,讓喝茶這件事更加風雅、變成一種生活品味。

放入巧思・
茶器茶具

雖然用隨手可得的馬克杯就能泡茶，但特地使用自己喜愛的茶器茶具，茶也似乎變得更好喝了。為了讓使用者能更合適地泡出茶湯，從材質選用、設計規劃都要講究，好讓茶器茶具的外觀、觸感、握感都能引起使用者的共鳴，並且滿足泡茶時的需求與順手度。

茶杯＆茶海＆茶碗

DOUBLE CIRCLE 系列✕十間茶屋

DOUBLE CIRCLE系列茶具，茶杯與茶海適中的容量，可以自己品茶，亦能與朋友分享；以苗栗斑點土製作，純樸的顏色溫暖又踏實。

張仲禹✕七三茶堂

新生代陶藝家張仲禹的作品，他認為生命是不斷循環的美好，將此概念放進茶杯設計中，單純卻變化無窮的陶土創作，傳達生活多變的樂趣與美感。

VIREO LIFE✕無藏茗茶

設計師丁崇恩的作品,以TIC-TAC-TOE的遊戲概念將茶盤、茶杯連結,底盤與茶杯基座都是竹材質,再電燒圖案於表面,適合多人喝茶、吃茶點使用。

VIREO LIFE✕無藏茗茶

白瓷與竹的異材質結合,杯身的竹環好拿取、能確實隔熱防燙,而且觸感滑順不扎手,是一個人也適合的獨享杯。

隨行杯系列✕台灣宜龍

做得小巧的獨行杯,很適合放在辦公室使用,杯身加了食品級矽膠做防燙設計,同時讓置放茶杯時能安靜無聲。

王怡方✕茶米店

陳列於茶米店的展品,來自年輕陶作家－王怡方的陶作展 Taste Like Pink,她使用日本瓷土並以金銀釉上彩點綴,外型樸實卻有著女性氣息的細膩質感,春天粉色調的作品非常迷人。

我們的台灣茶設計

白居易系列✕宜龍茶器

茶器材質是溫潤細緻的白釉，搭配上胡桃木握把，設計簡單大方，曾獲「德國紅點設計大獎」與「金點設計獎」兩大殊榮。

藍翠玉兔毫釉系列✕宜龍茶器

兔毫釉曾流行於宋朝，屬天目系列名釉之一，特色是底色黑青、筋紋為絲狀。高溫燒製時，釉料會展現出兔毫般的細長條紋，宛如千萬雨絲。

TOAST✕nest 巢・家居

「MU系列」以東方茶的意象延伸，搭配此系列茶壺的杯款有不同顏色的東方茶杯，符合不同品飲者的需求與喜好；杯身表面有著木頭紋理的陶瓷工藝，細緻溫潤。

TOAST✕nest 巢・家居

此為「LOTUS盛開泡茶組」結合了蓋杯優美滑蓋的動作，僅僅一個手指的動作間，將蓮花所代表的平衡與靜謐意境相結合；而蓋杯外身線條描繪出蓮葉紋理，與隱約推動杯蓋時的弧型交錯，極為美型。

Part 2　品茗日常・讓喝茶變簡單

玩美文創✕無藏茗茶

此為「品功夫」的茶具系列，概念想法源自中式茶罐，因為一般會用茶罐密封茶的色香味，故和茶具做結合，而且茶杯還能倒扣於茶壺上收納。

玩美文創✕無藏茗茶

此為「獨茶」系列，將傳統陶器與玻璃杯結合。泡茶時能看到茶湯的深淺變化，同時，杯蓋除了防落塵的功能外，亦能盛放濾網做使用。

DOUBLE CIRCLE 系列✕十間茶屋

DOUBLE CIRCLE系列茶具，與同系列中的茶杯、茶海一樣以苗栗斑點土手製而成，壺蓋特別設計成平面的，簡約大方。

....
茶壺
....

章格銘✕七三茶堂

陶藝家章格銘是著名茶人、收藏家，其作品《迷工》側把壺，施以色澤優美的青瓷、古典的冰裂紋、寫意如墨點的鐵釉等技法，結合陶瓷、金屬、木料異材質，成就茶案上的絕美風景。

我們的台灣茶設計

幸福時光系列✕台灣宜龍

茶具本體為白瓷搭配上胡桃木，造型簡約不落俗套；而濾茶材質為食用級的304不鏽鋼，享受茶湯滋味時能更加安心。

大好吉日✕nest巢・家居

「流域飲器・四人壺」使用陶土與釉藥燒成，表面之黑點是土質中之鐵質與礦物質等經過高溫燒製所呈現之自然獨特模樣。

綠翠玉兔毫釉系列✕台灣宜龍

為綠底的兔毫釉系列，獨家配方的燒製方式讓背底釉面是翠綠色、表面帶有鐵質的釉層流動產生出白色結晶的細紋，並閃耀著銀灰色澤。

TOAST✕nest巢・家居

「MU系列」以東方茶的意象延伸，壺身飽滿穩重，圓形曲線自壺身延伸至提把，宛如豐富盈滿的袋狀，象徵東方的圓滑與圓滿。內斂極簡的壺嘴設計，像是延伸出的新生樹枝，並具有良好的斷水功能；可搭配選擇用雙手捧著也不燙手的雙層茶杯。

Part 2 品茗日常・讓喝茶變簡單

燒水壺

白泥玉書煨 橫渠四句風爐系列╳台灣伍中行

採用特製泥料純手工製作,無重金屬殘留,合用電燒、爐火燒、碳燒;燒乾壺身也不爆不裂,提樑壺重量適中,符合人體工學,出水、斷水線條流暢優美,不論是碳燒煮水、煮茶或酒精燈保溫皆可。

月泉感溫式系列╳台灣宜龍

燒水壺本身採耐火礦土燒製,燒煮時會釋放礦物離子,讓茶湯更甘醇。胡桃木蓋上附有304不鏽鋼感溫針,讓使用者隨時掌握水溫度。

老岩泥燒水壺系列╳陶作坊

陶作坊著名的「老岩泥」材質,此為三式爐座(需搭配液態酒精燈的款式),爐身特色是扁平狀,並將壺嘴特意修短、使其更易注水使用;壺把為竹製,碳化後會呈現出漂亮花紋。

> 用講究的茶道具為自己泡一壺茶，享受一個人自在的茶飲時光，讓心情慢慢沉澱下來……

台灣宜龍

●茶器講究・店家嚴選●

品一杯東方寫意與
西方簡約設計

誕生於陶瓷古鎮鶯歌的台灣宜龍,以設計東方陶瓷、西方耐熱玻璃與複合質材的茶器見長。讓茶器的材質與設計,娓娓道出茶飲的生活品味。

採訪撰文／傅紀虹　攝影／陳家偉

Shop data
地址：台北市大安區永康街31巷16號（永康門市）
電話：02-23432311
官網：eilong.com.tw

1980-90年代的台灣，經濟起飛，台灣知名製作陶瓷生活用品與茶器的陶瓷古鎮鶯歌，早期將製作工藝技術需求較高的瓷器外銷，陶製品則內銷台灣，形成台灣茶器製作的聚落。台灣宜龍正式成立之前，創辦人陳正雄開著小貨車，批發內銷鶯歌陶製的生活用品和茶器到台灣各地。隨著喝茶人口逐漸成長，茶器的利潤較生活用品高，開始逐漸轉向銷售茶器，以標準壺、茶杯、公杯等為主。

隨著陶瓷產業變化，鶯歌當地工廠逐漸被成本更低廉的東南亞工廠所取代，許多陶瓷工廠因此轉型，鶯歌在陶瓷產業上，從原本的工廠製作，到研發設計、銷售，完整的上下游產業鏈逐漸成形。陳正雄在此背景之下，於1987年在鶯歌正式成立台灣宜龍，從早期的批發，轉型為至產業鏈中茶器的設計與銷售。

東方與西方、傳統與現在，在台灣宜龍的茶器上，可以看到多元的特質，且融洽地結合在一起，不變的是讓茶器提升品味一杯好茶的生活型態。

市場對於茶器創新的需求，使得台灣宜龍得不斷尋求突破點，2003年台灣宜龍開始走向品牌之路，逐漸轉由第二代的陳世億和陳世河兩兄弟經營。茶器的使用者，有用專業茶器喝茶的茶人，也有用馬克杯喝茶的一般人，兩人將品牌定調在讓飲茶人可以用喜歡的方式，隨時隨地品味一杯好茶。初期以簡約的器形、茶器圖案、單一材質的陶瓷來溝通喝茶的樂趣，現在則兼容東西方的設計，以複合質材，仍保留簡約的器形，開始簡化茶器上的圖案，讓茶器回歸本質，走向寫意。

台灣宜龍的茶器獲得德國iF、美國紅點、台灣精品獎等國內外許多設計獎項的肯定。功能上的巧思，質材上凸顯茶湯風味的選擇等，顯示台灣宜龍在產業鏈中，定位在設計、行銷的價值。

有巧思的茶具設計

台灣宜龍的茶器主要以東方的陶瓷、西方的耐熱玻璃為主，並加上複合材質，或金屬、或溫潤的木質，凸顯設計中異材質的對比或相容感受，以及寫意的內涵。台灣宜龍的茶器設計，以研究使用者所喜好飲用的茶種適合搭配的茶器為主，著重功能與人體工學，符合當地生活習慣，讓飲茶的生活品味，可以隨時隨地呈現。

白‧居易

材質特色：
完全以複合質材陶瓷與木質結合來說話，以細膩的定白釉呈現茶器主體，瓷質本身質材呈現出溫暖細緻的觸感。特別挑選成色較重的胡桃木為手把配件，胡桃木的古典簡樸與定白釉的細膩，互相映襯。

設計重點：
反璞歸真、追求簡單是此系列的主要設計概念。茶器線條圓潤，細緻的瓷和古樸的胡桃木，希望傳達出反璞歸真的設計概念外，也帶出東方溫潤、簡約又詩意的人文氣質。茶器特別設計在提把下方的杯底處提高5度角，讓出茶時角度減少5度，手握提把倒出茶湯時，只需微彎手腕即可出茶得乾淨俐落。「白‧居易」獲得2012年台灣生活工藝設計大賽飲食文化創意商品第一名、2014美國紅點設計獎。

茶覺360

材質特色：
杯身為耐熱玻璃，搭配304不銹鋼質材的上蓋是此系列的兩大質材。耐熱玻璃可承受零下低溫與超過百度的高溫，並可放在與瓦斯爐烹煮。304不銹鋼質材適合用於食器，以金屬與玻璃搭配，簡約俐落。

設計重點：
同時是茶壺，也是茶杯。茶覺360系列捨棄壺嘴，將上蓋設計為360度圓形，各角度皆可出茶，不銹鋼俐落的切邊並搭配微揚的角度，使出茶時不會溢漏。杯蓋藏有濾網，可濾去茶葉，且方便拆卸清洗，無論是用茶袋或茶葉沖泡皆適宜。茶覺360以簡約線條呈現杯身，獲得2016年金點設計獎。

快客 Quicker

材質特色：
拾棄不銹鋼或塑料，改以瓷與木頭兩種異材質結合，瓷製材質細緻溫潤且無毛細孔，可完整呈現茶湯的風味與香氣，讓飲者能充滿體驗到100%現泡的好茶滋味。

設計重點：
快客系列結合泡茶所需的茶具為一體，簡化沖泡過程，專為上班族與生活忙碌的飲茶人所設計，不僅方便泡茶，也方便攜帶。上蓋即為茶杯，下蓋可當茶壺泡茶，並設計有過濾孔濾去茶葉，兩側具有圓形木，適合倒茶時抓握且可避免高溫燙手。

我們的台灣茶設計

About tea
茶　人　說

茶器的挑選與設計，不僅需要挑選適合茶種的質材來製作，更需要考量當地人的生活習慣、功能，才能使茶器用得順手，以歐美市場來說：

茶種
歐美國家的飲茶習慣大多是喝花草茶與英式紅茶，並且習慣將英式紅茶的茶葉切碎，用袋茶的方式沖泡，因此在濾網的設計上，需能確實過濾細碎茶葉。

材質
適合花草茶與英式紅茶的材質有瓷器和耐熱玻璃，瓷器是歐美習慣用的茶器質材。耐熱玻璃可耐-20～150℃無論是在使用方式、清洗習慣上都符合歐美的習慣，適用族群廣，因此在歐美市場的接受度高。

清洗
歐美會將茶器放入洗碗機清洗，因此茶器本體與相關配件，需能拆卸一起放入清洗，同時要避開不耐機水洗的木料。

錘紋目

材質特色：
鎚目紋系列的質材選用手工耐熱玻璃，光線會在透明玻璃上顯現出折射美感，另增加耐熱玻璃的厚度，安全性高、耐用性佳。茶海是以非洲花梨木質材做為握把，並以金屬與耐熱玻璃接合，具有現代感。花梨木質感較重，而玻璃呈現透明剔透，兩者結合卻很和諧。

設計重點：
當茶湯倒入日式鎚目紋造型的耐熱玻璃茶器中，形成朦朧印象的點狀鎚印之美，隨著光線透射在桌上的流光，幻化出流動的波光瀲灩之感，更添品茶時的美感。花梨木的側把手，採用圓柱設計，好握好拿，而出水口斷水俐落，便利好用。無紋者尤好」。

陶作坊

●茶器講究・店家嚴選●

以器引茶，
泡出一杯生活美學

以器引茶，合器生好茶。以茶器引出茶葉特質，讓品茶、玩茶人品嚐茶的清香、甘甜，以創新質材、設計、文化涵養，讓人在器與茶之間玩出美學興味。

採訪撰文／傅紀虹　攝影／王正毅

Shop data
地址：台北市大安區永康街6巷8號（形象概念店）
電話：02-2395-7910
官網：http://www.aurlia.com.tw

我們的台灣茶設計

創辦人林榮國在大學時代，拜吳讓農教授為師，從大學就自行創作燒製陶器，有著紮實的陶瓷製作工藝。帶著工業設計背景的林榮國，思考著要走向藝術家，還是走向日常生活用品，他選擇了後者，在1983年成立了陶作坊，走向以茶提升大眾生活品質之路。

為了創立自己的品牌，林榮國用台灣土、手拉坯，從一把小壺開始，在陶土材料研發上、製作技巧上變化，做出不同於宜興壺與景德鎮的陶作坊茶器。之後，經典款燒水壺誕生，歷經多次乾燒測試、確定使用便利及安全性，終於在市場上獲得肯定；在80年代的台灣，80%的茶藝館都有此款燒水壺，成為不可或缺的茶席風景。

一式燒水壺以葫蘆造型為概念，壺嘴猶如葫蘆的蒂頭，讓出水順暢、水線優美；壺身和壺嘴之間圓胖的外型，如葫蘆般福滿圓潤。燒製過的竹製握把、金屬扣環，則呈現異材質的趣味。

岩礦滿盛茶海-星河，此為陶作坊的繁星系列，源出於陶作坊「環星計畫」，是資深匠師之作，運用十幾種以上的礦石作為彩繪原料，再次將工藝與土地結合，呈現台灣在地礦石之美。

現在陶作坊的陶藝師和設計師在發想討論作品時，都遵循著林榮國當初所創立的初衷——以藝術情懷、專業素養、實用考量創作每件作品。同時，陶作坊也積極在自有陶土配方上研發，例如陶作坊的「老岩泥」即因台灣921地震時露出的岩礦，在反思下而誕生的新系列。以台灣本土的岩礦和陶土，思考人需回歸自然的本質，作品質地粗獷、又能體現茶湯甘醇，突破了紫砂朱泥的傳統觀念，並將茶器具和台灣土地連結。

陶作坊對於茶器的詮釋，不僅是表現茶、茶器、茶文化，近年更跨出了另一步，將三者與「現代」碰撞——與音樂、藝術、西方調酒互動。陶作坊在2014年以Tea Party《慢・漫Slow & Flow》獲得德國iF傳達設計獎，兩年後接續以《混得好in the mix》，融匯西方調酒與東方茶席的互動，重新詮釋茶文化，再度獲得iF DESIGN AWARD。自茶器出發，推廣茶文化。

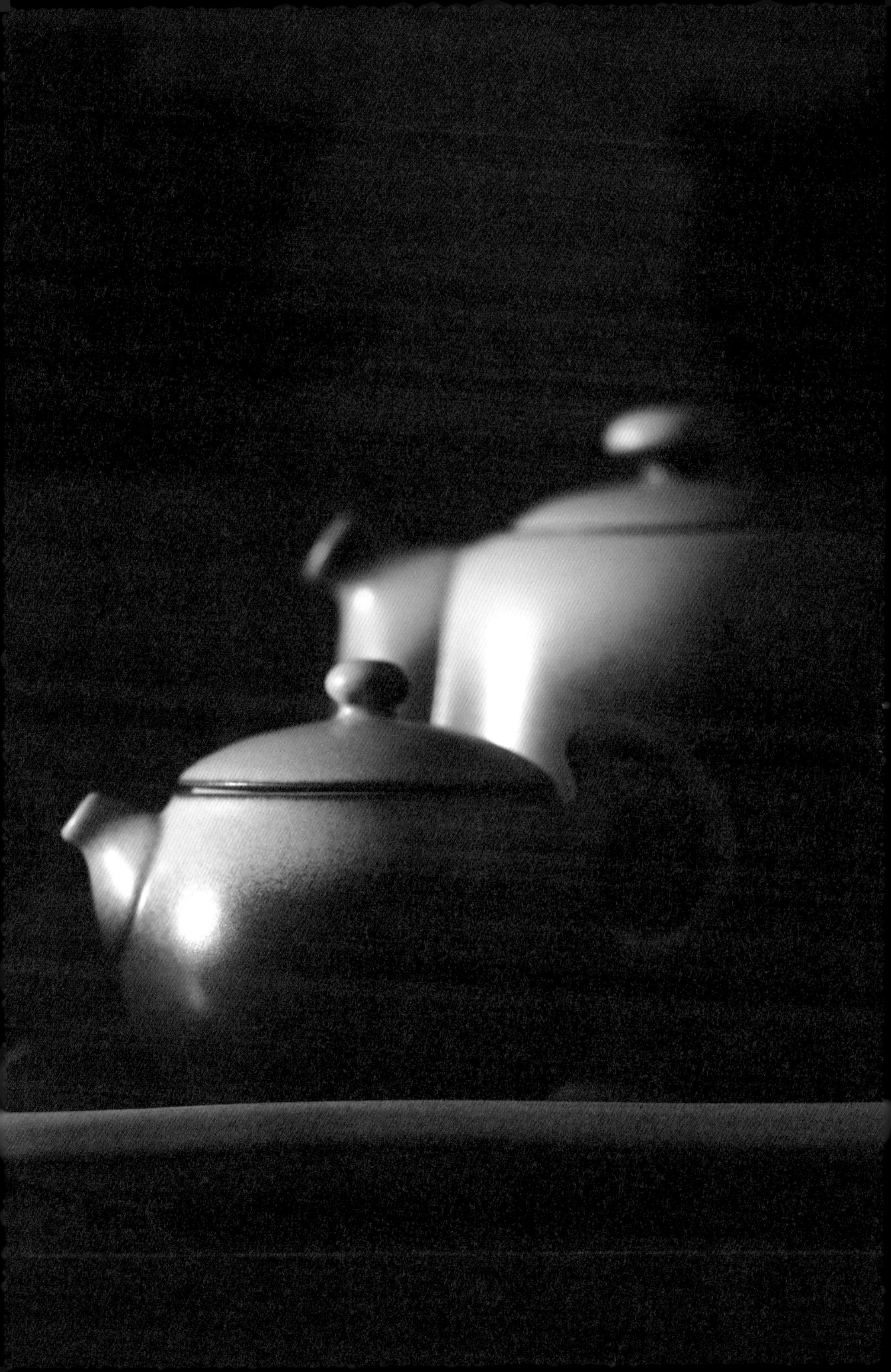

有巧思的茶具設計

陶作坊的茶器依質材與功能區分兩大方向，材質上有老岩泥、陶樸、瓷清懷汝、佇在、初心、繁星系列，功能上有易泡壺、陶樸、同心杯、燒水壺等系列。陶作坊的茶器不走絢麗之路，而以專業、藝術、實用為核心，讓茶器自身說話，以彰顯材質本身與各式茶種相配特質，創作返璞歸真且兼具實用與美感。

老岩泥

材質特色—
老岩泥是陶作坊與台灣岩礦壺創始人古川子老師共同創作，採用台灣本土天然岩礦與陶土調配，經十幾年的研究試窯，經高溫氧化、還原、多重燒製而成。老岩泥的茶器製作時不上釉，質地具有綿密孔隙，似麥飯石結構活性碳質可過濾水質，轉化茶湯質地，長期使用會更圓潤光滑，聚溫性比陶和瓷器，更勝一籌。適合沖泡重發酵茶、全發酵茶、普洱茶、老茶、重培火茶、滇紅及炭焙茶。

設計重點—
由於老岩泥系列以1250度左右的高溫燒製，坯體樸拙質感，呈現出原始、自然、樸拙的樣貌。有時茶器上會出現自然燒製的「火紋」，每個火紋不同，非工作坊的藝師可以控制，反而增添茶器玩家的一番趣味。圖中的九式燒水壺，講究茶器自身美感，結合異材質，納入東方五行意涵，有金木水火十五行之形象動態呈現，線條符合當代簡約美學。圓弧形的鐵質金屬握把，在與壺身接扣處特別講究，提耳孔洞一方一圓為陶作坊專利研發，能使提樑擺放安穩，自然站立，讓茶器的整體線條完整呈現。提把上手提處粗、扣壺處細，流線的粗細變化之美，細膩呈現。

我們的台灣茶設計

同心杯

材質特色：
此系列採用多材質製作，老岩泥、陶樸系列陶土…等。由於同心杯含有杯身、內膽、杯蓋、杯托四個部份，每個部份需分開燒製，製作過程繁複：成型→修坯→把手接合→內膽鑽孔→各部份密合度修整→素燒→再修整→上釉→釉燒→彩飾→電燒→成品。

設計重點：
同心杯系列在設計之初，以個人使用方便與空間考量，採斜置瀝水的內膽設計，內膽可跨在杯口上不滑落。三層內膽濾孔，以因應不同茶形的置茶量，球狀茶葉的放置量適合到最底層的濾孔、條狀茶葉的放置量適合到中層的濾孔，最上層的濾孔則為水線。沖泡時待茶葉瀝乾，取下內膽可直接置於杯蓋，背蓋上貼心設計凹槽以承接內膽剩餘的茶湯，避免沾濕桌面，讓使用者輕鬆自在享受好茶。

佇在

材質特色：
佇在的燒製陶土坯體揉合了禪瓷和鐵斑，以高溫燒製，在陶器的表面上會呈現出錯落的鐵斑點，撫摸之下，非傳統茶器的勻稱圓滑，而是呈現出自然多變的起伏。由於導熱溫和，適合沖泡半發酵茶或部分發酵茶。

設計重點：
在設計上具有新器具、古意斑點的衝突趣味，線條簡單素樸，以凸顯茶器本身質材的自然特色。釉彩的選擇上，也採取相應的自然之風，有岫白之色、山嵐積聚、浩瀚礫漠之狀…等，並運用不同釉厚、刷色等技巧，隨意巧妙，不拘一格，彷彿將一方茶席帶至山嵐、大漠間，讓玩家在品味之時，可駐足欣賞萬物本身自然存在之美。

About tea
茶人說

不同材質具有不同的「導熱速度、孔隙質地、質材密度」，影響著水質和茶湯的味道。陶作坊建議，選購茶器時，可依據喜歡飲用的茶品，挑選適合彰顯出茶本味的材質：

老岩泥
聚溫性佳、質地粗獷、密度低，適合沖泡重發酵茶，例如紅茶、老茶、普洱茶⋯等。

陶樸
陶坯導熱中庸，密度較老岩泥高，對於豐富個性的茶種，可透過沖泡引出其中韻味，適合半發酵茶、部份發酵茶，例如台灣烏龍茶、武夷岩茶⋯等。

懷汝
散熱快、質地細膩、密度緊實，可充分呈現茶本身的味道，適合不發酵茶、輕發酵茶，例如綠茶、龍井茶⋯等。

瓷清懷汝

材質特色：
此系列是陶作坊向大宋汝窯致敬之作，重現宋朝文風鼎盛，大儒的典雅風華，經典之氣。在高倍數放大鏡下看懷汝表層，氣泡層層疊疊，懷汝瓷質散熱快，質地細膩，不易吸附味道，適合茶湯清淡味香的龍井、綠茶、包種茶及台灣清香型烏龍茶⋯等。

設計重點：
汝瓷器形雍容典雅大方，釉色勻潤，瑩如堆脂，質地溫潤如玉。器型的設計沿襲汝瓷的大方文雅，線條優美簡約，散發人文氣質。此系列有粉青、天青兩種顏色，上圖懷汝梨型壺-粉青，釉表開片無一點紋路，如明代曹昭在《格古要論》中提到汝窯官瓷「有蟹爪紋者真，無紋者尤好」。

現今的台灣茶品牌都有屬於自家想訴說的各個故事，不論是創新或復古，皆很有態度地以自己的方式做詮釋。

Part 2　品茗日常・讓喝茶變簡單

故事&意象！

放入概念・
茶款包裝

....
茶罐
....

把自己的品牌概念，轉化為文字、圖樣落在茶款包裝上，例如：台灣在地特有的民俗元素，有的則用故事意象來呈現，也有的刻意選擇留白、改以細緻簡約的設計做出自己品牌的味道。

二一茶栽 — 高山茶系列

「一心栽好茶、一葉好茶栽」是二一茶栽的品牌概念，以土壤為底、蘊含著茶樹旺盛的生命力，以此轉化成自家 logo 的設計想法於茶罐上。

八拾捌茶 — 窨製茶系列

除了花果，八拾捌茶也嘗試用原住民的辛香料做窨製，例如土肉桂、馬告、打那、薑⋯等素材，因此採用了原住民服飾常有的圖騰為茶罐做設計。

我們的台灣茶設計

無藏茗茶 — 花茶與開花茶系列

為符合大眾喝茶的需求,把茶罐做得小巧、混搭各式茶風味,罐體上的花樣與柔美底色,是為呼應深受女性客層喜愛的花茶與「開花茶」系列。

八拾捌茶 — 窨製茶系列

八拾捌茶的窨製茶系列,素材選用各種香氣明顯的台灣花種或是水果類,讓果香停留在茶葉上,因此茶罐上也放入了水果意象的圖樣,而花系列則是復古的地磚花紋。

王德傳茶莊

以顯眼正紅為底,再以黑字題上自家品牌名,打造出蘊含文人氣息的意象,是王德茶莊特有的設計,品牌辨視度高且俐落大方。

有記名茶

以舊時外銷用的籐編茶櫃為設計意象,「有記名茶」特意將茶罐設計成方的,而且內蓋是密閉性特別佳的貼合設計,好讓茶葉不易受潮。

復古設計！

台灣伍中行
讓民國時期的版畫復刻於茶罐設計上，版畫兩旁的對聯則引用聖經經文，是給愛茶人士們的祝福、傳遞福音，同時也象徵真正的好茶是經典且本質不變的。

台灣伍中行
以紙為茶罐的罐身、蓋子封籤，不做太多餘的設計，只用顏色抓住主視覺，並以配色營造出復古內斂的質感，呼應老茶的形象。

台灣伍中行
把舊時的錫製茶罐做成縮小版，復古味道十分濃厚、外型討喜，置入年代久遠、1944年的新竹芎林烏龍老茶，溫順醇厚的滋味風靡老茶愛好者。

現代簡約！

十間茶屋

十間茶屋以單品茶為設計主軸，其包裝設計簡約優雅，在純淨白底繪上如植物圖鑑般的茶葉插圖，不需多餘裝飾就能領略茶的意象。

有記名茶

以正紅、深黑為茶罐主視覺色，非常搶眼吸睛，罐身印有茶葉、茶花的花紋圖樣，讓茶品的意念更完整。

大溪老茶廠

來自百年茶廠─大溪老茶廠的有機茶系列，以銀、深紅、黑⋯等單色為不同茶款做詮釋，簡單低調地表現出茶的本質就該這麼簡單。

七三茶堂

「七三茶堂」選用方型、有個性的黑色茶罐，而罐身標籤的茶葉顏色是呼應茶款本身的茶湯顏色，讓消費者更能安心選擇喜愛的茶。

Part 2・品茗日常・讓喝茶變簡單

十八卯屋—香包平安茶

此為台南十八卯屋所販售的茶系列，外觀是傳統手包茶的紙包裝，裡頭有多個茶包，印上不同圖樣，有的是平安祝福心意，有的是台南老建築。

盒裝茶、袋裝茶

十八卯屋—府城古錐茶

台南以前是台灣重要的首都，到現在仍留有許多著名建築與景點，把歷史建築做成一個茶系列，同樣以手包茶包裝方便飲用的茶包。

大溪老茶廠—復刻茶款

大溪老茶廠所製作的「日東紅茶」曾在國際市場上有響亮名氣，當時為台灣奠定了知名高級紅茶的地位，此為復刻版包裝。

十八卯屋—府城封茶

在十八卯屋，每年有著把茶封存的傳統，此為軟枝烏龍；買茶回去後不會立即開封，待其慢慢轉化成老茶，之後飲用的滋味更加耐人尋味。

大溪老茶廠—復刻茶款

同為復刻版包裝的「仙女紅茶」，為台灣農林公司出品，以充氮鋁箔包收納茶葉，是許多人兒時記憶的古早紅茶味，帶有麥香。

我們的台灣茶設計

茶米店

茶米店將自家的小葉紅茶做成4兩的紙盒包裝，微粗糙面的紙製外盒很有手感，每一個都以手工繫上麻繩，能充分感受到茶人的用心。

十八卯屋 — 神明茶

以台灣民間很熟悉的神明來為茶命名、祈福，融合民俗元素與地方信仰，包含了「玄天上帝」、「天上聖母」…等，包裝上印有小典故。

白青長茶坊

白青長茶坊已傳承至第5代，年輕茶人以純白為底為茶款換上新裝，特別在字體設計上加了茶元素，簡單直率地傳達品牌概念。

十八卯屋 — 有保祐

將茶葉窨上柚花香，是香片的一種，取其諧音做成「有保祐」的柚香烏龍茶，包裝上也印製了柚花的意象。

有記名茶

有記名茶的盒裝茶與茶罐一樣，選用了紅黑兩種強烈的顏色，並加上對聯的圖樣設計，內斂展現出百年茶行的穩重與氣勢。

奉茶 — 木燙青茶

奉茶曾於民國95年遇到祝融之災，主人葉東泰為感謝各方好友對自己的熱情相助，特將火場內存留下來的火紋茶做成茶款，並題上自撰的詩句。

茶禮盒

無藏茗茶

古時在台中霧峰的將軍府中,會請桃眼獅上戲台表演,代表著迎來好人緣和招桃花,桃眼師除了圓圓桃花眼,舌蓮花與玉如意下巴也是福氣象徵。

無藏茗茶

把茶元素做成茶點(牛軋糖、煎餅)搭配茶款(阿里山烏龍、金萱紅茶)的禮盒,外盒設計為民間故事插畫,概念是古時要進貢給文昌帝君的貢品。

二一茶栽

二一茶栽特別與台灣國寶竹編師合作,將竹與茶元素做結合,因為傳統時代製茶做茶用的道具,許多是竹編或竹製品;內裝的雙層茶罐則以「樂章」象徵來自阿里山四大名山的茶款。

有記名茶

近幾年相當流行把農產品當成婚禮小物，茶也是其中一項。有記名茶把小包裝的茶做成婚禮小物，設計大方高雅，象徵純白無垢的美好祝福。

洺盛農場

在茶禮盒中放入數個元素，包含了台灣特色景點、製茶流程、大自然的花草昆蟲，以對應該品牌對於台灣有機茶的概念想法。

茶米店

茶米店讓茶款有自己的雅名，賦予了節氣意涵，因為它們分別是在不同季節製的茶，小包裝特別適合喜歡一次嘗試多種茶款的朋友。

茶米店

茶米店主人的哥哥是位插畫家，借重哥哥的插畫長才，將茶的意象繪在包裝上，並以手包茶方式做出有溫度、有故事的茶款禮盒。

Part

3

茶學問。茶行與茶人

―百年茶行―
―老茶達人―
―創新茶人―
―有機茶人―
―散步・台灣喝茶聚落―

百年茶行

以文化導覽為人心種下一棵茶

有記名茶 一百年茶行的大度與自信

「順口、舒服，泡起來不麻煩、價格可負擔，就是杯好茶。」這樣的回答意外親切。

採訪撰文／林俞君　攝影／王正毅

Shop data
地址：台北市重慶北路二段64巷26號｜電話：02-25559164
官網：https://www.wangtea.com.tw/

大稻埕碩果僅存的老店

流行的髮型、白色球鞋、智慧手錶,「愛運動的陽光男孩」是有記名茶第五代傳人王聖鈞給人的第一印象;打招呼之後,他為自己加了件中式背心,邀請我們入座,先泡茶,再慢慢聊。

接班有沒有掙扎?與父執輩意見會不會相左?上述問題是對傳統產業尤其是百年大店的刻板想像,但在王聖鈞語氣和緩的分享中,這些都沒有發生。

「對我來說,傳承茶的文化是種使命感吧」。父親的開明與他的不急不徐,說明了走過大稻埕茶業興衰,從兩百多家茶行到現在僅存的個位數店家,有記名茶能生存至今的原因:堅持傳統技藝,但持續與新一代溝通。

不計人力成本的文化傳承

1890年源自福建、第二代外銷至泰國、第三代來台設廠、第四代轉做內銷,百年歷史說不完,不如直接體驗。大稻埕本店後方是製茶廠,從清明節前開始至年底,每四十五天就會產出一批新茶,傳統

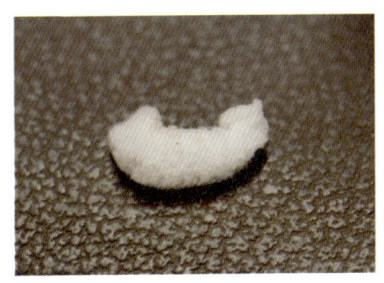

茶的烘焙程度越高,所含茶因越低(近似咖啡因),茶因顏色白淨、質地棉軟,經電熱乾燥機烘焙後從茶葉中釋出,手輕搓即化開消失,讓人大開眼界。

與現代設備同時運作,忙碌中仍將台灣僅存的老焙籠間開放參觀,不限團體或個人,只要提前預約,茶廠人員皆能提供導覽,搭配淺顯易懂的圖表,是奠定茶知識基礎的最佳地點。

因為受「臺灣古蹟仙」林衡道啟發,有記名茶投入文化導覽活動已經超過三十年了,「小學生不一

獨門風味 × 多元包裝

獨門的精製茶技藝，讓有記名茶風味獨特、品質穩定，我們拜訪的這天是平日下午，大門右側的茶席坐滿老顧客，帶走典雅的茶金禮盒、華麗而造型特殊的鴻韻禮盒前，先笑開懷品飲敘舊！此外，不少年輕人獨自前來挑選日常茶品，多彩「方罐子」、純白「EWKEE」(有記的台語發音)，以及讓喝好茶變簡單的「飲joy」茶包系列，現代感設計的小包裝很好入手，未來也會持續增加款式。

「用馬克杯泡茶，輕鬆就好！」喝茶，而不是喝型式，王聖鈞步伐穩健地經營百年招牌，陽光男孩與茶之間、時尚與傳統之間溫暖融合，不再存在衝突感。

定懂茶，但老師帶來參觀之後小朋友覺得好玩，就會再帶爸媽來；也有大學生過來，回味小時候校外教學的地方。我們從教育推廣著手，讓人慢慢對茶產生興趣。」王聖鈞總是說得自然，悄然在每個人心中種下一棵對茶好奇的芽，專業知識與人情味並重，與有記的茶一樣，為每個族群體貼準備最適合的茶。

有歷史故事的老焙籠間

老焙籠間裡層層疊疊的焙籠已經使用60至70年了，美麗的歲月痕跡薰上耐久的竹道具，每年兩次，王聖鈞搬動這些比他年紀還大的籠子，跟著唯一一位烘茶師學習，加工出獨門「奇種烏龍茶」等中重烘焙茶葉，成品帶有炭香且茶韻回甘甜美，忌染上煙燻味，更需要避免烘過頭產生焦味。

作業期間不會看到蒸騰的煙，因下方龍眼炭火特別溫柔，它能持續延燒兩至三週，每批茶得定時翻動、看顧期間長達幾十小時，以前沒有交替人選，烘茶師就兩、三個禮拜回不了家。

籠窟直徑52公分，深度58公分，約等於兩個半到三個磚頭的高度，每個窟都是獨立作業的，窟與窟之間有走道，師傅可以穿梭其間，照顧好每一窟茶。

木炭一開始就放到足100台斤的量，先擊碎成小塊減少縫隙，再放上薄薄一層炭化過的稻殼，將稻殼點火燒成白灰，此時已無煙燻味，才能放上中間有盛茶葉篩網的焙籠。

百年茶行

一整排傳統工具，有擊碎木炭的、撥平炭灰的、翻動茶葉的，是粗重費力的工作。

每年年底至年初，會不定期啟用老焙籠間，有記名茶會在官網或FB上提前公佈日期，讓民眾親眼觀看台灣僅存的傳統製茶技藝。

傳統風選機。從毛茶分級開始，經過篩分、揀梗、焙火、拼配，「風選」是精緻茶的最後一個步驟，利用風力使茶葉按輕重進行選別，並剔除非茶物質。

大稻埕門市後方即為開放參觀的老焙籠間，牆上輔以說明圖文，詳盡解釋每一個步驟。

茶行裡的茶學問

自家拼配

農產品是活的,種植過程中受自然、人為諸多條件影響,不可能像工業製品般個個相同,因此許多高級酒廠重金聘請釀酒師,調和出維持一貫水準的代表酒款;而這樣的過程在茶的世界中叫「拼配」,其意義與坊間所說的「混茶」大不相同。

1982年前,茶農採收後經發酵與初步乾燥,一定會將毛茶送往大稻埕茶廠加工,以保證外銷台灣茶的精緻品質;但隨著市場轉為內銷、製茶工廠設置條例廢除,茶農興起自產自銷,其優勢是新鮮,但缺少了精製茶的拼配專業工序,在風味穩定度及耐泡程度上,則不一定能完全補足。

「拼配」需具備豐紮實經驗,依著茶性,看茶做茶,有記名茶秉持誠信分級、手工揀梗去蕪存菁,然後才將同等級的茶葉進行焙火,同樣是烏龍茶,每一家的味道都不相同,就是因為各自獨門拼配與焙火的掌握。

About tea
茶人說

　　焙籠間運作時除了產生高溫，滿室茶香飄散在空氣中也份外迷人，幾十年前有記名茶的隔壁是家洗衣店，老時代鄰里間友好互助，每逢下雨天，洗衣店就會拿衣服來烘，掛在焙籠間裡不僅一下就乾了，天然的茶香躍上衣物更深受客人喜愛，間接促進了洗衣店的生意；如今洗衣店已歇業，但兩家族的情誼長在，逢年過節拜訪問候，是延續三代的習慣。

　　與茶農的緣份亦是如此，從王聖鈞的爺爺來台灣尋茶開始，與幾位農友建立合作關係並成為世交，百年老店經過世代交替，不變的是踏實、重情，日日樂於分享以茶會友。

有記名茶

特色茶款 ×5

紅玉紅茶

茶種：紅玉
特色：全發酵、輕焙火
風味特色：薄荷香、肉桂香
沖泡方式：茶量佔容器的1/4~1/5，第一至五泡的浸泡秒數分別為：20、20、30、40、110
溫度：95-100℃

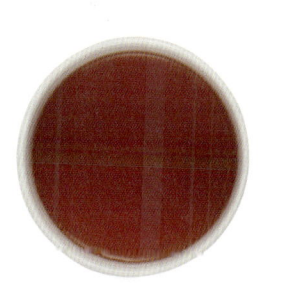

東方美人茶

茶種：白毫烏龍
特色：重發酵、輕焙火
風味特色：熟果香
沖泡方式：茶量佔容器的1/2，第一至五泡的浸泡秒數分別為：60、40、60、90、110
溫度：80-85℃

鐵觀音

茶種：無特定，適合輕發酵、重焙火，可做出「觀音韻」之茶種
特色：輕發酵、重焙火
風味特色：果酸香、炭香
沖泡方式：茶量佔容器的1/4~1/5，第一至五泡的浸泡秒數分別為：60、35、45、60、120
溫度：95-100℃

奇種烏龍—包種

茶種：茶底為文山包種茶
特色：輕發酵、中焙火
風味特色：蜜香、炭香。以正統中國岩茶焙火技藝文火慢焙，為獨門家傳之作
沖泡方式：茶量佔容器的1/2，第一至五泡的浸泡秒數分別為：60、35、45、60、120
溫度：90-95℃

高山烏龍茶

茶種：青心烏龍
特色：輕發酵、輕焙火
風味特色：花香、果香
沖泡方式：茶量佔容器的1/4-1/5，第一至五泡的浸泡秒數分別為：60、35、45、60、120
溫度：95-100℃

百年茶行

振發茶行──用157年光陰守護誠實茶韻

用心讓台灣茶香永續綻放

身為全台灣最老的府城茶行---「振發茶行」能做超過百年的生意，原因無它，全憑藉著誠實的心，這是現今商業社會正一點一滴遺忘的初衷。

採訪撰文／cube　攝影／王正毅

Shop data　｜　地址：台南市中西區民權路一段137號｜電話：06-222 3532
　　　　　　　官網：www.teashop1860.com

誠心誠意只售上等好茶

說到台灣的百年茶行，不少人都會想到位於台南府城的「振發茶行」，在屋齡近一世紀的老房子裡賣的不只是茶，還有經商的誠實與人情溫度。即使已被大大小小國內外媒體訪問多次，但是接待我們的老闆嚴鴻鈞先生，卻仍願意侃侃而談、再次細說承接上一代家業的歷程故事。

嚴家的祖籍在福建泉州，第一代茶人──嚴朱於1860年選定台南府城落腳，那時專售茶來自福建武夷山的各種茶，所以至今你到茶行拜訪買茶時，還能見到極有歷史陳韻的錫板茶桶，上面以蒼勁有力的書法寫著武夷山的各個岩茶產區，像是「天心」、「大王」、「龍吟」、「探花」…等。仔細一看，居然還有「狀元」、「榜眼」、「探花」呢，嚴鴻鈞親切地解釋，這三個茶桶裝的分別是茶行裡最有人氣的三款茶，茶行祖先們特別以古代文人考取功名的名次來為好茶做命名，如今裡頭盛裝的都是台灣在地做的茶。嚴先生進一步為我們解說過去使用錫桶保存茶乾的理由，因為錫材質有著細微孔隙，不會生鏽，而且氧化後也無毒，特別適合用來保存茶，畢竟喝進肚裡的茶得讓客人安心才行。

嚴鴻鈞先生是百年茶行稱職的守護者，生動述說老屋茶行裡的每個故事。

Part 3　茶學問・茶行與茶人

誠信是經營茶行的長久之道

在嚴鴻鈞先生接掌茶行之前，上一代的鎮店之寶是嚴燦城老先生，容貌慈祥的嚴老先生非常專注於茶行事業，與家中兩位未出嫁的姐姐一同悉心經營茶行，前後一共歷經70多年。嚴老先生對於自家茶的品質非常在意，因此和在地茶農的交情很深，所以每年茶農們都會為振發茶行預留好品質的茶葉，而且所有製茶流程不能馬虎、每批品質都得經過嚴老先生的認可，才能被收納進茶行架上。

說起父親經商的態度，嚴鴻鈞滿是敬意與發自內心的驕傲，因為當年父親雖然年事已高，但凡事仍儘可能親力親為，從檢查每批茶品質到販售，都是用同一套標準檢視自己一路以來所堅持的事。每一位來到茶行的客人，在選定茶款後，嚴老先生會用兩張白紙，以傳統的「手包茶」方式，把茶乾先收整好、再俐落地包成長方形狀，整整齊齊的摺角代表了他的用心、與人交流的滿滿心意，在這個銷售求快、求方便的世代，這份真情反而顯得純真可貴。

曾獲贈台南市政府與台南市茶商業同業公會的認証殊榮。

茶行裡佈置許多紀念照、感謝狀，是對父親的緬懷。嚴先生對茶嚴謹，但對客人很親切，許多外國客來訪過一次後還會寄禮物給老先生，或是再來台到茶行找他。

茶行的牆上有第五代嚴鴻鈞對第四代老闆嚴燦城老先生所寫的祭禱文,情深意長、字字道盡對父親的緬懷與思念。

除了為客人手包茶,振發茶行還有個堅持是「不試茶」,但客人們可以買量少少的一兩,先回家試喝看看。會有這樣的售茶傳統,一是因為對自家茶的品質確實把關、有自信,另一方面是因為在茶行試茶,和自己回家泡的茶湯滋味其實不可能完全相同,所以會建議客人還是回家試泡試飲更為準確。

茶行裡的錫板茶罐歷史悠久、非常珍稀,還曾被借出做展示。木櫃上的橫批,是擬人化來形容自家茶會回甘有餘、讓人提神。

與重要牽手經營百年之業

承襲振發茶行、現為第五代的嚴鴻鈞先生,是被父親指定接棒的人選,他原本從事牙醫,但因為捨不得父親用心守護多年的茶行,為怕失傳,與太太周淑莉女士一起把這個責任接下。但隔行如隔山,雖然嚴鴻鈞從小生活在茶行裡、茶是他最熟悉的生活元素之一,可是要接下如此的重責大任,他與太太先下了一番功夫學茶。他們拜訪了與父親合作過的茶農、了解師傅如何選出好茶,而太太更向公公學習手包茶的傳統,對於外行人看似簡單,但其實要經過無數次練習、邊看邊學,才能將茶包得工整、外觀稜角分明。

除了基本功,想販售這麼多種茶給客人,周淑莉女士也習得嚴老先生售茶的方式,對於自家茶款瞭若指掌、紮實累積茶知識,所以能悉心為消費者介紹適飲的茶款。目前在茶行販售的台灣茶款齊全多樣,有各式烏龍茶、高山茶、文山包種茶、鐵觀音、龍井與碧螺春,也有15-38年不等的老茶和35年的古早味紅茶,以及養生舒眠的Gaba茶,在這裡絕對可以選到你喜愛的茶款。

第五代老闆嚴鴻鈞先生所開發設計的茶包。

百年茶行雖然堅持傳統，但仍能與時俱進，所以嚴鴻鈞先生思索如何能讓喝茶更年輕化、貼近喝茶者的便利性，所以開發了三角立體充氮茶包，把一樣好品質的的茶做成用馬克杯就能隨泡即飲的茶包，目前接受度也很高。做為茶農與消費者的中介者，振發茶行一直以來懷抱著誠信、負責把這個重要角色做到最好，讓更多愛茶人、甚至是熱愛烏龍茶的外國人更認識台灣茶，把茶之美踏實地拓展出去、讓茶香再延續下個世紀。

手包茶一定都會蓋上店logo的騎縫章，證明是「振發茶行」出品。

茶行裡的茶學問

手包茶

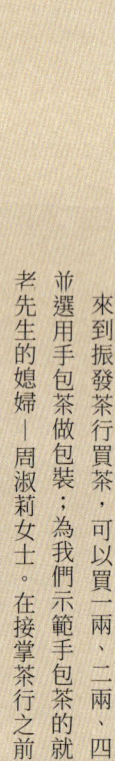

來到振發茶行買茶,可以買一兩、二兩、四兩,並選用手包茶做包裝;為我們示範手包茶的就是嚴老先生的媳婦——周淑莉女士。在接掌茶行之前,周女士在公公的身旁學習茶知識,她溫柔地說,原本是音樂老師的自己,因為學茶而進入了另一個專業領域、拓展了更寬廣的人生。她回憶起嚴老先生總說,茶不好學,所以在17歲時就常跑老茶行、聽茶人說茶,或拜訪各個茶農,為累積更豐富、更專業的知識,才能辨別、採購好茶來賣給客人們。

周淑莉女士謹守公公的教誨,把阿公的茶知識慢慢學習起來、內化成自己的涵養知識,所以來茶行,不用擔心不會買、不會選,老闆娘會告訴你茶種知識、如何泡茶、從韻或香選擇自己愛的茶款。因為和客人互動而建立起信賴感,所以國內外顧客也會回饋茶行,像老朋友般告知喝茶心得,讓茶行更競競業業追求品質。

而在店裡最受歡迎的茶款,有一款是鐵觀音,正統製法的「觀音韻」深受男性顧客喜歡;另外日月潭的蜜香紅茶,接受度也很高,茶湯滋味讓人驚艷。用心賣好茶給需要的人,同時能回饋茶農,是接掌茶行的夫婦倆覺得最開心的事。

百年茶行

3

將白紙轉成菱形。

2

先取用需要份量的茶,並稱好重量。

1

以兩張白紙相疊為底,先倒上茶乾。

6

迅速讓茶乾收整在最中心,並摺出長方狀。

5

讓白紙轉向,摺出小三角形。

4

拿起底下的白紙,讓紙張的對角相連。

9

將長方狀茶包摺整齊、收尾。

8

從紙張底下收緊從中間摺好、兩側收緊。

7

用底下白紙包覆長方狀茶包。

12

蓋上店logo的騎縫章,最後會以透明塑膠袋再次包裝。

11

蓋上店章、茶款名稱⋯等字樣以供辨視。

10

最後將小三角形往內摺即完成外觀。

百年茶行

振發茶行的人氣茶款！

凍頂烏龍茶

日月潭蜜香紅茶

大禹嶺高冷茶

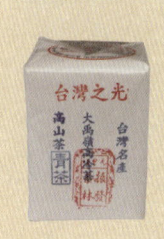

正欉木柵鐵觀音

圖片提供／嚴鴻鈞

舊的百年牛角骨印是嚴老闆的珍寶。

About tea
茶　人　說

　　每次包完茶之後的慣例，是在紙包表面蓋上牛角骨印，以識別是由振發茶行所販售的茶，一方面好辨認茶款，同時也是給顧客的安心保證。目前的牛角骨印是舊製翻刻的，舊的百年牛角骨印已被茶行收藏為古董保存，朱印有種舊時光的人情味道。

百年茶行

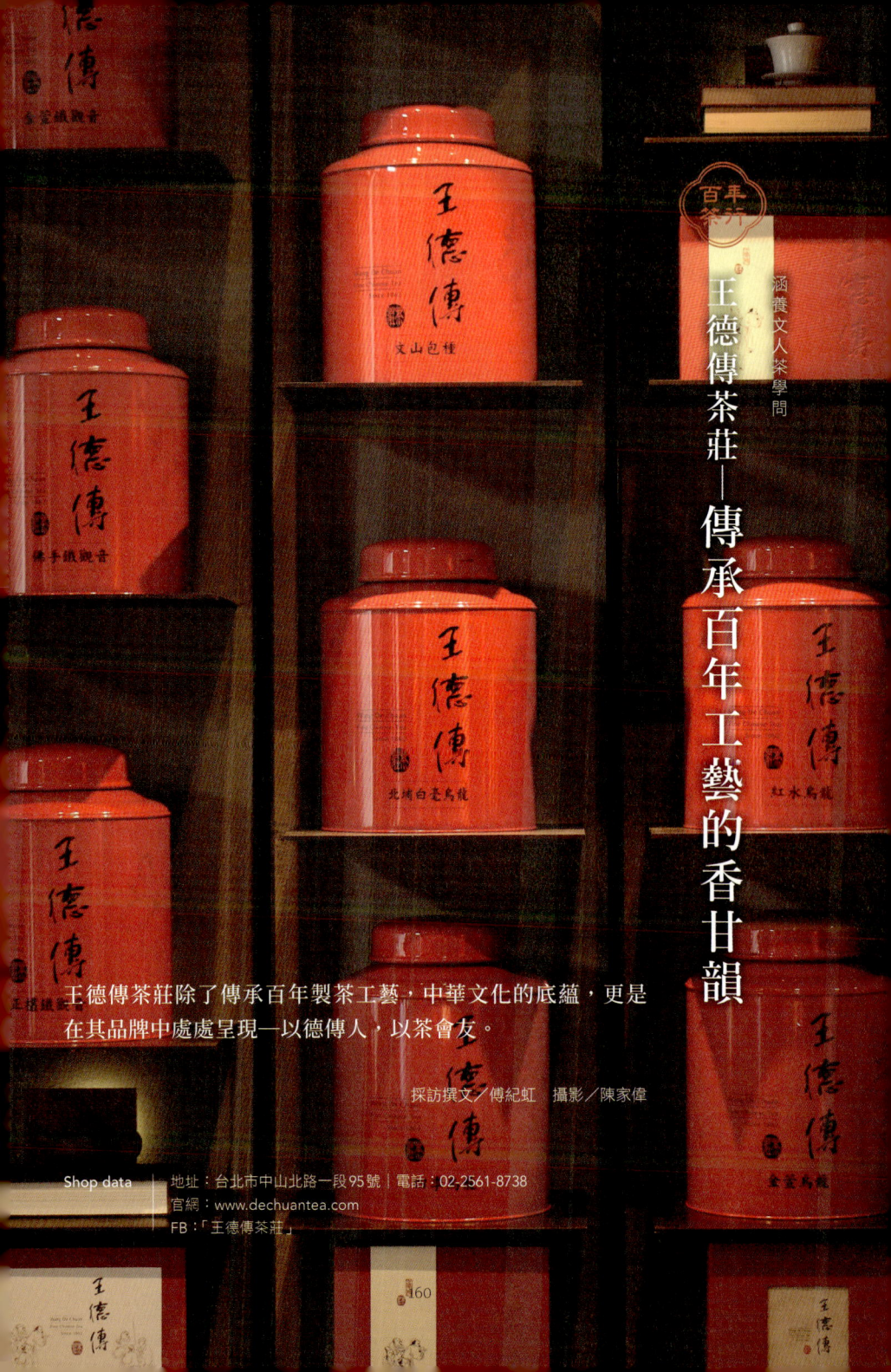

涵養文人茶學問

王德傳茶莊—傳承百年工藝的香甘韻

王德傳茶莊除了傳承百年製茶工藝，中華文化的底蘊，更是在其品牌中處處呈現—以德傳人，以茶會友。

採訪撰文／傅紀虹　攝影／陳家偉

Shop data
地址：台北市中山北路一段95號　電話：02-2561-8738
官網：www.dechuantea.com
FB：「王德傳茶莊」

成熟且講究的製茶技藝

王德傳茶莊是台南府城第一家茶莊，1862年創辦人王俺尚自福建晉江渡海來台，開啟了王德傳茶莊百年傳承。對於茶風味有重大影響的「風土、品種、製茶工藝、季節」，王德傳茶莊研究深入，特別是兩世紀前，同樣渡海來台，源自於武夷山的烏龍茶。來到台灣後的烏龍茶，因台灣特有的風土，以及成熟的製茶技藝，使得台灣烏龍茶的甘美風貌為世界所看見，馳名國際。

台灣烏龍茶帶有高低海拔、北迴歸線熱帶與副熱帶交疊的風土特色，以及四季春、翠玉、金萱、青心烏龍⋯等的品種特色，創立了一百五十多年的王德傳茶莊，則將繁複的製茶工藝經驗，累積在製茶師的感官中──發酵過程、烘焙火候、製茶時的氣溫、濕度、日照等關鍵，無法言傳，須由師徒一起製茶，才能培養出敏銳的五感，知曉如何看天作茶，成為王德傳茶莊百年傳承的製茶工藝。

第五代的承古與創新

傳承至今已超過150年的王德傳茶莊，第五代傳人王俊欽在產品創新與品牌打造上，將王德傳茶莊的傳統與現代融合。產品創新方面，在三角立體茶包之前，為與市售切碎茶葉的袋茶做區隔，首創手工棉布袋茶，以醫藥級的滅菌棉紗布，手工製作原片原葉袋茶，古味與創新兼具。安尚烏龍系列，則取自創辦人王俺尚之名，還原舊時代台灣老烏龍中度發酵、炭火烘焙的經典厚重滋味。

2017年推出首創的AMRITA德傳甘泉氣泡茶，發想自西方的香檳與氣泡水，首上市以具有花清香的台灣高山烏龍茶，以及熟果香的安尚烏龍為主打，定位為東方香檳的佐餐茶飲。德傳甘泉氣泡茶以台灣烏龍茶為基底，融入碳酸氣泡的清新口感，結合茶品本身的香氣滋味，碰撞出有如東方香檳一般的全新味覺體驗。

在品牌方面，2002年王德傳茶莊至台北開店，醒目的中國紅，是王德傳特有的濃厚的文人茶文化、品牌識別。書法、篆刻章印、宋代的飲茶圖、古

書閣藏納茶罐，以及奉一杯好茶留下入門客品茗聊茶，「以德傳人，以茶會友」傳承自千年來敦厚又雅緻內斂的文人涵養。百年的王德傳茶莊，在產品與品牌上，現代與傳統交會，工藝與創新結合。

AMRITA 是梵文「不朽甘露」之意，也泛指美好的事物；為了不添加任何化學添加物，就能常溫保存1年，王俊欽尋找到台灣願意以製藥等級專門製作的工廠。

影響茶風味的四個關鍵

王德傳茶莊傳承了百年的茶商與製茶經驗，王俊欽提到影響茶湯滋味與香氣的4個重要關鍵：風土、品種、製茶工藝、季節。舉例來說，風土環境是影響普洱茶風味70％的關鍵因素；而烏龍茶的風味表現則主要來自於製茶師與焙茶師的經驗技術。

· **風土氣候**

風土指的是茶樹生長的自然環境，氣候、土壤、水質、緯度、海拔等各種因素，造就出不同產地的茶葉，具有當地的風土特色，不同風土適合栽種的茶樹品種不同。台灣因高低海拔差異大，有丘陵與高山的氣候適合栽種茶樹，且各地的微型氣候各異多樣，造就不同的風土氣味特色，如台灣知名的阿里山高山茶，海拔1000公尺以上，雲霧雨露滋養的茶樹，具有輕揚花香和綿長的喉韻。

· **品種特色**

茶樹品種帶有品種的特色，不同品種有不同香氣和滋味，或果香，或蜜香，或花香，或奶香，或濃郁，或清雅，台灣特有的品種特色如下：

—**四季春**—

具有活潑的花香，滋味濃郁，是台灣特有變異種，一年四季都能採收。

—**金萱·台茶12號**—

具有輕柔花香與奶香是金萱的品種特色。

—**翠玉·台茶13號**—

具有茉莉、玉蘭的淡雅清香，滋味清新。

—**青心烏龍**—

為台灣最早傳入的茶種之一，具有濃郁花香，台灣的青心烏龍因風土影響，具有蘭花、桂花香氣。

· **製茶工藝＆季節**

烏龍茶製茶流程為「採菁→日光萎凋→室內萎凋及攪拌→炒菁→揉捻→初乾→布包團揉→

百年茶行

王德傳茶莊內的目錄牆,在閱讀茶品特色時,也正閱讀著書法的優雅;圓形的安徽羅紋硯,源自唐代,為中國的名硯,質材具有沉入水中,濕潤如玉的特色,在王德傳茶莊內則用以展示茶樣,開啟硯盒即可聞得吸藏的乾茶香。

乾燥→毛茶→精製烘焙」,但不同茶品的製茶流程與細節會略有不同;其中發酵程度與乾燥焙火拿捏,製茶時候的溫度、濕度、日照⋯等,取決於製茶師傅的技藝和經驗。除此之外,不同季節和品種,也牽動著製茶,不論是影響茶香甘韻的發酵,或是茶香、口感層次的焙茶火候,都需要經驗豐富的製茶師與焙茶師來掌握。

茶行裡的茶學問

炭火烘焙

焙茶是為了降低茶葉中的水分，讓茶葉乾燥，可保存長久，減少茶葉中的咖啡因，使茶湯甘醇，保留茶香，造就韻味。傳統焙茶，以炭火烘焙茶葉，火候和時間的掌握是關鍵。依照不同品種的茶，看茶焙程度不同，一般簡易分為輕烘焙、中烘焙、重烘焙，以王德傳茶莊「手工炭焙」的茶為例：

· **手工炭焙嚴選阿里山烏龍——一分火輕焙**

茶樹生長1000公尺以上高海拔，具有輕揚的花香與綿長的喉韻，以一分火烘焙來帶出茶品種的特色，而輕度烘焙可避免逸失阿里山烏龍細緻的風味特色。

· **凍頂安尚烏龍——三分火烘焙**

青心烏龍的品種具有特殊的果香，三分火烘焙可使喉韻更佳，滋味甜醇。

· **金萱安尚烏龍——三分火慢烘**

金萱品種具有輕柔的花香與奶香，以三分火慢慢烘焙，可使此茶種風味更純粹，更具有溫厚的口感。

· **手工炭焙正欉鐵觀音——五分火烘焙**

王德傳茶莊的正欉鐵觀音，重度發酵，具有熟果香及甘韻，五分火重度烘焙，使茶湯具有炭焙的香氣，具有沉穩厚實的口感。

About tea
茶人說

　　辨識茶葉的好壞，最直接是飲用，另外也可看泡過後茶渣（即「葉底」），不同茶款的辨識方式不同。針對烏龍茶，王俊欽說明入門者可以從以下三個方面，簡易辨識茶葉的好壞：

　　‧走水度：製茶過程中會讓茶葉排水，製茶完成後，茶葉的含水量不到3%。製作過程中排水太慢會讓茶葉有苦澀味，若排水太快，則茶的滋味容易跑掉。

　　‧葉片：烏龍茶要看是否採收老葉、成熟葉，並且要採收嫩梗，有梗茶才會香。

　　‧葉脈：烏龍茶看發酵度、走水度是否足夠，可觀察中間葉脈，葉脈要「綠葉紅鑲邊」為標準，若為「綠葉紅中間」，紅色代表積水，代表走水不完全，較易有苦澀味。

王德傳

特色茶款 ×5

梨山烏龍

種植地：梨山
茶種：青心烏龍
風味特色：柔順細膩，具有蘭花清雅香氣，回甘強勁。以20-25%輕發酵製茶，輕火烘焙，保留高山山頭氣
沖泡方式：第一泡65秒，爾後每一泡都遞減10秒
溫度：95℃

金萱烏龍

種植地：南投民間鄉
茶種：金萱
風味特色：清甜桂花氣息與一絲奶香，冷喝時則有果香氣。以輕發酵、輕烘焙製茶，帶出其淡雅甜柔的氣息
沖泡方式：第一泡65秒、第二泡45秒、第三泡60秒、第四泡70秒、第五泡80秒
溫度：95℃

凍頂安尚烏龍

種植地：南投鹿谷

茶種：青心烏龍

風味特色：特以明末清初在武夷山烏龍茶製法，做出30-35%中度發酵的傳統風味，以龍眼炭文火烘焙，茶體厚實，滋味飽滿濃醇

沖泡方式：第一泡55秒、第二泡40秒、第三泡40秒、第四泡50秒、第五泡60秒

溫度：95℃

玫瑰烏龍

種植地：南投民間鄉

茶種：四季春或金萱

風味特色：採用屏東有機食用玫瑰，以南宋傳下的窖製古法製作，將含水量3%的茶胚與新鮮花瓣層層鋪排堆疊，透過反覆窖製、烘焙，將花香沁入球狀的烏龍茶茶葉內芯，使茶葉帶有三分花香，七分茶味

沖泡方式：第一泡65秒、第二泡45秒、第三泡60秒、第四泡70秒、第五泡80秒

溫度：95℃

蜜香紅茶

種植地：新北市三峽

茶種：青心柑仔種

風味特色：以充分揉捻、發酵的功夫紅茶製法，茶湯有著蜂蜜香甜與柑橘果香，滋味甘美豐潤

沖泡方式：第一泡50秒、第二泡40秒、第三泡40秒、第四泡50秒、第五泡60秒

溫度：85℃

茶人
老茶達人

百年商行裡的陳茶韻

台灣伍中行──老茶達人讓台灣茶走向國際

擁有上萬斤陳年老茶的台灣伍中行，褪下歷史的舊衣，搖身一變，走進潮流，成為讓茶葉文化廣受歡迎的重要推手。

採訪撰文／黃翠貞　攝影／王正毅

Shop data ｜ 地址：台北市大安區潮州街109號 ｜ 電話：02-23926388
官網：http://www.wuchunghang.com.tw

與封存老茶的深刻緣份

現今台灣伍中行的先身，其實是一間百年商行，在那個繁盛的年代，專門販售高級南北貨，在基隆、台北、台中、台南、高雄都有直營連鎖店。多年老字號的商行，在第三代吳傑熙先生接管家業後，有次整理台南倉庫時，發現了一批歷史珍寶，是十足發酵的好味道—西元1944年的芎林老茶。

這批茶，原來是當時東南亞向西村商社訂了上萬斤的茶，卻因次年的日本戰敗，整批茶因此沒能出口。而戰後的台灣民生凋敝，導致茶葉乏人問津，一放就超過70個年頭，反倒留下了因為封存轉化後的好味道。原本就對著研究喝茶非常有興趣的吳傑熙，立即著手重整規劃這批老茶，原本差點要蒙塵的陳茶，想不到就此風靡兩岸三地的愛茶人士。

因為陳茶，著手推廣與交流

出身台南望族、從小就跟在愛喝茶的爺爺身邊，吳傑熙對於喝茶一事早有基礎概念與認識，他對茶的看重與情感，從未因為年歲增長而減少，反而因為長輩臨終託付，勇於擔下重責大任。因為機緣碰到這批好茶，原本從事科技業的他，重新審視伍中行的業務，知道南北貨已經不是生活的必須，喝好茶卻是講究品味的現代人所追求的，於是他將重心放在推廣茶葉文化上。

因為開啟了與老茶的緣份，吳傑熙除了將店裡所有的茶葉清點整理外，更開始蒐集來自各地的台灣老茶、烏龍老茶、陳年老茶、陳年烏龍⋯⋯等，不少老茶與陳茶的收藏家或專家也前來與他交流，希望一賭好茶風采。台灣伍中行的老茶年份，從20年至80年的都有，初嚐老茶滋味的人，可能會覺得，怎麼有種「老樹櫃」的倉味呢？這是因為陳年存放的關係，但多會處理過才讓人飲用，其實可以放心。

不只蒐茶，吳傑熙也深究品茶相關的一切事

吳傑熙的科技專業出身，思維創新多元，大刀闊斧的帶領伍中行走向新局。

情。比方說，喝茶的方法會因為年代的不同，製茶方式及工具也有所差異。於是他自行研發茶器茶具，用更多元的方式嘗試泡茶，以期能泡出各種茶葉的好味道。「泡咖啡用的器具，其實很多是泡茶也能用的」吳傑熙說道，他會用虹吸壺來萃取茶湯，或用手沖方式「點茶」，然後邊聽著真空管爵士樂，原來，喝茶早就不是老人茶的形象了，你可以用更多方式品嚐茶的韻與香。

向國際發聲，台茶有更多可能

為推廣品茶文化，吳傑熙與資深製茶師張三我合作，製作出的「高冷四季」的茶款，分別於2015年、2016年、2017年，連續三年獲得ITQI（國際風味暨品質研究所）的風味絕佳獎章『金三星』最高榮譽。ITQI以味覺的第一印象、產品外觀（視覺）、香氣（嗅覺）、口感、質地，以及後味（餘韻）為評分標準。足見吳傑熙不只關心老茶，而更用心帶領台茶走向國際，為台灣精緻文化打開市場。

店中的每個角落都有主人的巧思與安排，看見光與影、新與舊。

― 充滿變化的老茶底韻 ―

老茶，是指除了茶葉加工後的成品，放置有一定時間年限，而存放環境更是影響茶葉品質的關鍵因素。依台灣茶類的發展歷程來看，從最早清末時期，仿武夷岩茶的烏龍茶和窨花包種茶，到日治時期的條型包種、鐵觀音、東方美人茶、紅茶，以及光復後發展的台灣綠茶和半球形包種茶，只要存放得宜，都能成為老茶。

雖然，陳年老茶不是台灣茶葉市場的主流，卻受到某些愛茶人士與老茶專家的喜愛與追尋。台灣老茶的品種和製茶技術方法，與普洱茶的屬性截然不同，特別是外觀、時間、風味的轉化，都各有特色，但在作物的陳化原理，是大同小異的。

吳傑熙以台灣味出發，把版畫概念放進了茶罐設計裡，添加了民國初年的復古風。茶罐有著華麗優雅的外表，也內含愛土地的情懷。

有著悠久歷史的老茶，其實也是生活的一部份，不該只是一門學問。

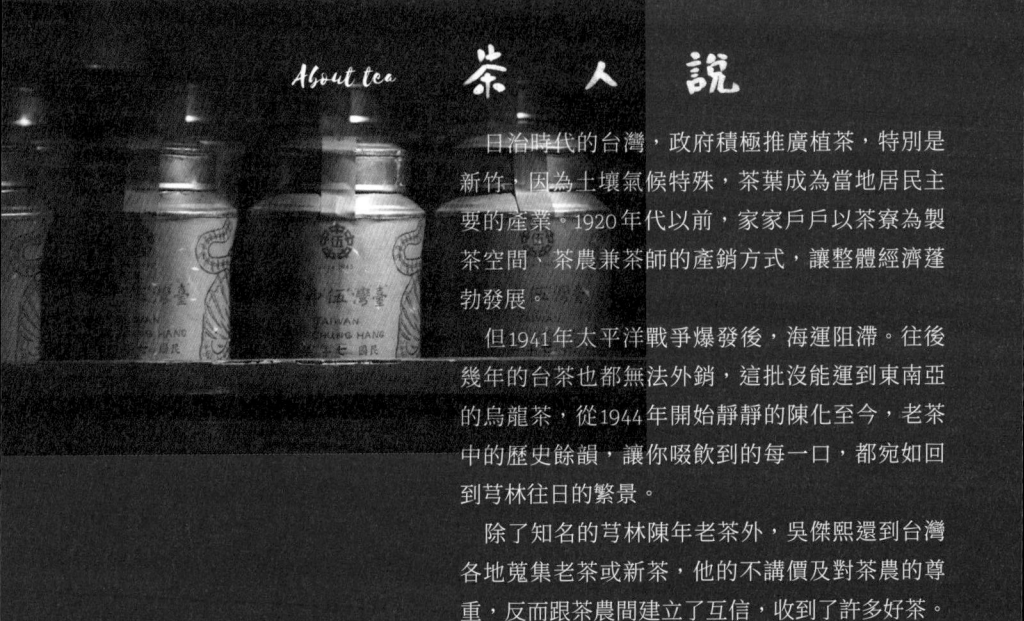

不同於普洱老茶有內飛加以認證茶葉的品牌、廠家、製作人,近年來台灣老茶價格因為收藏者眾,價格喊漲,有些業者會將新茶先放到出現霉味、再經高溫烘焙手法,使得仿成老茶在市面上流通的情形並不少。對於一般人來說,要辨別其中差異雖不容易,其實在幾個地方可見端倪,包括採茶的手法、茶湯的氣味⋯等。

相對於新茶所講究香氣、滋味、新鮮度,陳化的茶香氣、滋味、品質都會明顯下降並失去新鮮感,主要是進行所謂的「後發酵」作用,因此時間越久,陳味逐漸顯現、茶湯滋味變得醇厚圓潤。依據年份存放時間的長短,會轉化成不同風味,比方,30年以下的老茶是略帶酸性的,30-50年的則有梅乾香、樟香⋯等,存放50年以上的,會有青草⋯等風味,滋味趨向甘甜滑順。

茶人說 About tea

日治時代的台灣,政府積極推廣植茶,特別是新竹,因為土壤氣候特殊,茶葉成為當地居民主要的產業。1920年代以前,家家戶戶以茶寮為製茶空間,茶農兼茶師的產銷方式,讓整體經濟蓬勃發展。

但1941年太平洋戰爭爆發後,海運阻滯。往後幾年的台茶也都無法外銷,這批沒能運到東南亞的烏龍茶,從1944年開始靜靜的陳化至今,老茶中的歷史餘韻,讓你啜飲到的每一口,都宛如回到芎林往日的繁景。

除了知名的芎林陳年老茶外,吳傑熙還到台灣各地蒐集老茶或新茶,他的不講價及對茶農的尊重,反而跟茶農間建立了互信,收到了許多好茶。

Part 3　茶學問・茶行與茶人

茶行裡的 茶學問

老茶新泡

用冰滴方式,也能萃取出茶湯。

認識老茶,先從認識台灣的製茶史開始,從日治時期,配合日本人喜愛而製作的細碎茶,到後來50年代後的條索狀製作,而70年代舉辦比賽茶後,出現了半球形茶葉。因為每種茶葉外觀不同,建議用不同方式沖泡,以期發揮最大特色。

泡老茶雖然可用功夫茶的泡法,但吳傑熙中體西用,以類似宋朝「點茶」的泡法,用手沖咖啡的西式工具,慢慢的把熱水點在濾杯的茶葉上。這樣的動作,會讓茶葉上的陳味雜味揮發在空氣中,等待茶湯緩緩流入下方的玻璃量杯。因為老茶中的含水量隨著之前存放時間的緣故,已降到最低,來到完全發酵的狀態,故泡出來的茶湯,香氣淡但是顏色純淨厚重。

176

品嚐老茶，追求的不是香氣，「韻」才是老茶的最大精髓。一泡好的老茶，回甘快速、喉頭隱約透出青草的味道，底蘊濃醇，茶氣舒暢，甚至取10泡都仍有濃醇的感受，與新茶的強烈香氣形成對比。

老茶的品質變化如同拋物線般，何時是最好喝的時間，並無法得知，近年來茶業相關協會開始辦理老茶評鑑的活動，但尚未產生完備的茶葉認證系統。藉由品茶講座及活動等，增加品茶的次數，或可對於老茶的風味有更深的體驗。

特色茶款 × 4

三十年代老綠茶

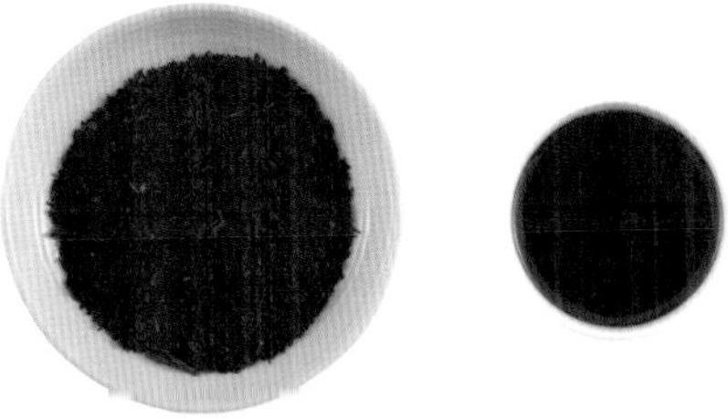

種植地：南投
茶種：台灣切片綠茶（早期廣泛出口外銷茶）
風味特色：呈深咖啡色，高溫蒸氣散發糖蜜香氣，後轉出蔘藥香，入口茶湯滑潤，喉頭帶青草韻，木質樟木香氣四溢鼻香
沖泡方式：建議用可過濾茶葉的茶器沖泡，3-4g茶葉兌上180ml水沖泡，約1分鐘後倒出。亦可用玉書煨煮，沖泡或煨煮皆可取10泡
溫度：100℃

1944年苕林老茶

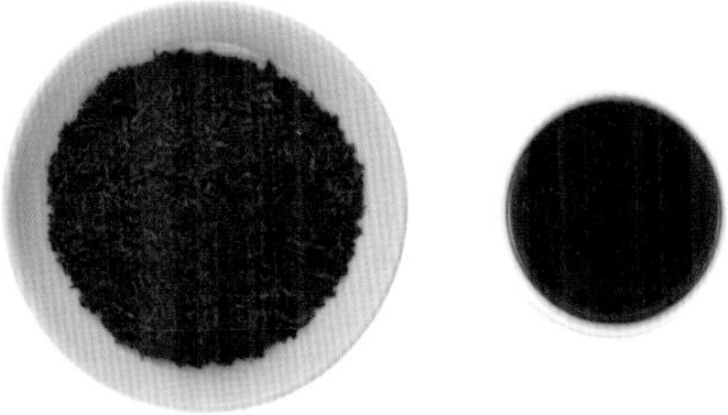

種植地：新竹
茶種：烏龍（早期廣泛出口外銷茶）
風味特色：香氣帶有蔭樹蘭花香，茶質飽滿豐厚，茶湯乾淨無一絲混濁，呈琥珀色澤，入口微苦即轉甘韻
沖泡方式：3-4g茶葉兌上180ml水沖泡，約1分鐘後倒出。亦可用玉書煨煮，沖泡或煨煮皆可取10泡
溫度：100℃

茗萱藥茶

種植地：南投或新竹（約1950年茶，故無詳載）
茶種：松柏坑烏龍
風味特色：老烏龍經過若干年的陳化，自然長出的金花菌，對茶葉產生了化學變化，能有效去除茶中粗青味，茶湯色亮如琥珀，爽口滑潤且有獨特的香甜氣韻
沖泡方式：3-4g茶葉兌上180ml水沖泡，約1分鐘後倒出。亦可用玉書煨煮，沖泡或煨煮皆可取10泡
溫度：100℃

馨香烏龍

種植地：新北市坪林
茶種：青心烏龍
風味特色：因為在種植時，經過小綠葉蟬叮咬過的茶菁，才能得到如此特殊香氣的茶。茶湯入喉後的蜜香展現後轉花香，入口齒頰帶有果酸香，茶湯呈現清亮琥珀色，甜潤爽口
沖泡方式：3-4g茶葉兌上180ml水沖泡，約1分鐘後倒出。亦可用玉書煨煮，沖泡或煨煮皆可取10泡。可回2泡，或用冷泡方式用同樣的份量，泡5-8小時
溫度：水溫越低越香，約85℃

註：玉書煨是一種砂銚壺，即燒開水使用的壺。

Part 3　茶學問．飲行對茶人

創新茶人

蘊含人情味的三分哲學

七三茶堂──用理性做出感性的質純好茶

「一開始，茶葉並沒有告訴我它有多高深，而是讓我感覺到能活著感受這一切，是多美好的事情。」王明祥感性地說。

採訪撰文／林俞君　攝影／陳家偉

Shop data　地址：台北市信義區忠孝東路四段553巷46弄16號｜電話：02-27667373
官網：www.7teahouse.com

創新茶人

回味茶香，更回味彼此情誼

七三茶堂的名字來自王旭烽《茶人三部曲》小說《南方有嘉木》裡一段句子：「倒茶七分，剩得三分人情。」故事中，茶莊主人每回泡茶款待好友時總是只倒七分滿的茶在杯中，留下三分空間，為了讓茶香延展、讓茶杯不燙手好拿，這三分是舒服自在，這三分也代表珍惜、回味彼此的情誼。

創辦人王明祥說，現在講起這段典故還是覺得很美，因為嚮往此番意境，決定以「七三」為名，而邁向第十年的七三茶堂，在新一代茶品牌中可算是資深的了。

阿里山茶香的召喚

創立七三茶堂前，王明祥在科技業行銷工作中勇往直前，負責的數位相機從市占率第十二名提升到前三名，經營過品牌的都知道這並不容易，變動快速、競爭激烈的產業，需要理性與感性兼具的人才，王明祥就是這種人，有極度求知欲，擅長規劃又樂於造夢。

181

走遍全台尋茶，精選產地特色茶品，從包裝上的葉子顏色即可直覺聯想茶的風味。

茶搭起的人情緣份

阿里山的茶園，是王明祥閉上眼就能欣賞的一幅畫，休假過後帶著妹夫自栽的茶葉，又回到緊湊的辦公室生活。不一樣的是，他每天持續泡茶請同事喝，某天剛好茶葉用盡，同事們還特別來問：「今天沒有茶嗎？可不可以團購啊？」下山後受到茶香感動，已經開始閱讀許多專書的王明祥，感受到同事「想喝茶」的回饋，才動了創立茶品牌的念頭。

「對的人、對的茶園，從對方的眼神中可以看出八、九成。」行動力超強的他大量進修、通過農委會茶業改良場茶葉進階班考試，並

可說是工作狂的他，在一次工作到深夜後開車南下到妹妹與妹夫大家休假，伴著日出抵達阿里山，鼻腔裡充滿一股沒聞過的清香，好久沒有感受到自己「在呼吸」了，抓了路邊的老人家就問「什麼味道那麼香？」忙著採收的茶農還覺得這問題奇怪，說道：「就是茶香啊」。

走遍全台尋茶，從石門、三峽、竹山、阿里山，到瑞穗、三星，王明祥說政府規定的檢驗是必要程序，但到產地親眼看卻更為重要，因為誠意而結識的茶農也成為他的貴人，一直供應毛茶至今。以理性專業為基礎、感性熱情為動力的推動下，七三茶堂受到同業前輩青睞及消費者的喜愛，一路走過近十載。

走進七三茶堂，明亮具設計感的空間乍看有點像咖啡店，但空氣中的飄香來自角落持續加熱的茶枝，清雅的茶香瀰漫讓人舒緩，夥伴親切解說茶知識，來到這裡隨時能自在地與台灣茶更親近一點。

採訪途中，聊到了七三茶堂的 logo，王明祥說「七」這個字體看似是書法，也長得像英文的 t，讓外國人能很快理解這是一個關於茶（tea）的品牌；推開店門，就能看到以專區陳列的茶包明信片，詳細的英、日文解說，畫上台灣各地代表景點並搭配產地茶款，讓旅客藉由寄出茶包給收件者泡茶，確切傳遞想念對方的溫暖感。

茶堂角落加熱著茶枝，茶香瀰漫讓人一進到空間裡就放鬆舒緩。

將茶堂裡沖泡過的茶葉回收，萃取天然潔淨成分--茶鹼、茶皂苷，調合天然草本精油成為潔手慕斯。

三種原葉研磨茶粉、烘焙黑豆、花蓮無毒土鳳梨、屏東檸檬、台南百香果…等好食材，再加上珍珠粉圓完美搭配，外帶一杯好茶好心情！

多面向的茶生活提案

懷抱「簡單生活，喝茶簡單」的願景，綜觀七三茶堂的產品，除了茶葉、茶包，還有冷泡工具、果乾、《茶。潔手慕斯》外帶飲品，王明祥不僅想創造一個茶葉品牌，而是「因茶而生的生活品牌」，對茶很有熱情地去琢磨，但沒有僵固的想法，進行一項項「提案」，使茶更簡單地融入生活。

絕不失敗的冷泡茶組，讓想輕鬆喝茶的人增加信心；方便攜帶；得知果農產量過剩，想為農產品加值，於是製作易於長期保存的天然果乾佐茶；每天茶堂裡有大量泡過的茶葉，本著惜物的精神回收清潔後，將茶葉裡具有潔淨功效的茶鹼、茶皂苷萃取出來，與天然草本精油調合出山林香氣，成為《茶。潔手慕斯》。

而外帶飲料亦是一大挑戰，前輩茶人總覺得加入鮮奶或水果的茶不正統，但王明祥認為茶越被廣泛運用，就越有機會引起人們對茶的興趣，因此以日式抹茶粉型態調製妙媞（奶茶）、馥媞（水果茶），品飲過的茶農也認可了這富含濃厚茶香的美麗飲品，而消費者也可跟著官網影片在家製作。

創新茶人

牆上持續邀請在地藝術家合辦畫展,展示的茶具則是台灣陶藝家章格銘等人的創作,王明祥以茶為核心,不斷行銷台灣的軟實力。

Part 3　茶學問．茶行與茶人

茶行裡的茶學問

自製冷泡茶

註：照片中為清楚展示冷泡步驟而放置較多茶葉，實際用量不需這麼多

在2013年，七三茶堂推出了《冷泡茶組合禮盒》的生活提案，為體貼初次喝茶的新手、在辦公室沒時間泡茶的人，以及想把好茶帶出門的族群，製作容易零門檻、很適合炎熱夏日飲用的冷泡茶，是以低溫、長時間的方式萃取出茶液，其中的兒茶素與咖啡因物質比熱泡時來得少，茶湯比較不苦、品飲時的甘甜感受比較明顯。

如何製作冷泡茶呢？先在容量400-500 ml的瓶中放入袋茶一個或茶葉三至四克，再倒滿常溫冷水，待球型茶葉冷藏八小時／條型茶葉冷藏四小時後，即可飲用；瓶身上的刻度，更方便消費者調製出屬於自己口味的奶茶、水果茶飲，讓喝茶變化更多元有趣。

七三茶堂的冷泡茶組合，把泡茶過程變簡單了，還能延伸調製出不同喝法。

About tea

茶 人 說

　　除了原葉茶、袋茶，七三茶堂還有個著名的「花染系列」，是將花香帶入茶葉的花茶，傳統技法中會將花與茶層層疊放一起「窨製」，使花香染上茶葉，最後再挑出花朵。但因為花瓣上難免有小蟲子，未必能全數剔除，為給消費者更安心的茶品，七三茶堂團隊中有食品專業研究員，終於找出花與茶不需直接接觸的方法，仍能留住足夠花香。不論是春天的柚子花、夏天的茉莉、秋天的玫瑰、冬天的梅花，各季節的花就這樣可以在每個人的杯中飄香。

　　此外，官方網站上非常詳細地標明了各款茶的產區風土、品種、採摘季節、品質規格⋯等資訊，這些標示，飲茶老手看了描述就可以猜出味道，新接觸茶的消費者則有安心追尋的指標，「農產品更應該作品牌，只要持續喝到正確的東西，久了就能培養出對好風味的敏感度。」王明祥總是不藏私地分享。

註：七三茶堂商品於2017年下半年換上新裝。

七三 茶堂

特色茶款 ×5

阿里山高山綠茶

種植地：嘉義縣阿里山里佳，海拔1500M高山（礫質壤土）
茶種：青心大冇
風味特色：綠筍香、蔬菜香、柳丁花香、水梨香，滑順口感、濃郁飽滿，綠茶卻有高山茶的「香甜回甘」
沖泡方式：7g茶乾兒上120-140ml的水，第一泡60秒、第二泡30秒、第三泡60秒、第四泡90秒
溫度：90℃（夏天冷泡）
品嚐時機：三餐飯後、午後

柚花窨─花染系列

種植地：嘉義縣番路鄉阿里山，海拔1500M高山茶園（礫質壤土）
茶種：青心大冇
風味特色：柳丁、檸檬、金桔等柑橘類水果香，清新香甜，口感滑順飽滿
沖泡方式：7g茶乾兒上120-140ml的水，第一泡60秒、第二泡30秒、第三泡60秒、第四泡90秒
溫度：90℃（夏天冷泡）
品嚐時機：三餐飯後、下午茶

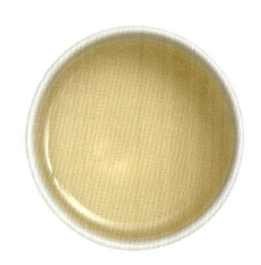

阿里山蜜香烏龍

種植地：嘉義縣阿里山隙頂，海拔1200M高山（礫質壤土）
茶種：金萱
風味特色：蜂蜜香、奶香、瓜果香、桂花香，溫柔茶感，入喉後立即有烏龍回甘的高山氣度
溫度：95℃（夏天冷泡）
沖泡方式：7g茶乾兌上120-140ml的水，第一泡60秒、第二泡30秒、第三泡60秒、第四泡90秒
品嚐時機：早餐茶與下午茶、一日間的任何時刻

阿里磅紅茶

種植地：新北市石門區，緊臨北海岸的大屯山腳下（紅壤土）
茶種：硬枝紅心
風味特色：龍眼乾香、成熟果酸香、葡萄酒香、蜂蜜香，濃郁厚重的口感，隱隱中回憶起鐵觀音般的甘甜喉韻
沖泡方式：7g茶乾兌上120-140ml的水，第一泡60秒、第二泡30秒、第三泡60秒、第四泡90秒
溫度：90℃
品嚐時機：早餐茶與下午茶、一日間的任何時刻

小油菊綠茶—複方系列

種植地：宜蘭縣三星鄉，海拔400M（礫質壤土）
茶種：青心烏龍
風味特色：略帶涼意的菊花香、綠草香、蔬菜香、茶甘味，滑順清爽口感中略帶青澀滋味
沖泡方式：7g茶乾兌上120-140ml的水，第一泡60秒、第二泡30秒、第三泡60秒、第四泡90秒
溫度：85℃
品嚐時機：三餐飯後、下午茶

Part 3　茶學問．茶行與茶人

HOT BREW　　　　90
BREW OVER ICE　　95
COLD BREW　　　　55
ICE DRIP　　　　 10

創新茶人

讓人不禁佇足的白色茶屋

十間茶屋─融入設計，喝茶可以很時尚

「看到這個空間的第一眼，就決定是它。」設計總監Brenda領我們到對街，欣賞淨白通透的轉角玻璃屋。

採訪撰文／林俞君　攝影／陳家偉

Shop data　｜　地址：台北市信義區忠孝東路4段553巷48號1樓｜電話：02-27465008
　　　　　　　官網：www.shijiantea.com

咖啡女孩與台灣茶男孩

2017年春天，年輕族群重度使用的社群網站Instagram上，「十間茶屋」的打卡與標籤亦如春芽般蓬勃冒出。純白空間點綴優雅的藍綠與金，如威士忌瓶的冷泡茶是熱門拍照商品，看似迅速成功的背後，實則經過5年的反覆構思。

設計總監Brenda原本是個只喝咖啡的女孩，「她每天早上一定要有咖啡，一克咖啡兌上十七毫升的水，用法式濾壓壺沖泡。」細數Brenda習慣的Franco出身茶農世家，遊走茶堆的雙手難得在咖啡上停留，他們是事業夥伴也是人生夥伴，生活在一起久了，Brenda逐漸像愛咖啡一樣，也愛上了台灣茶的香氣。

關於茶的專業，做在設計細節裡

茶的世界艱深難懂，不知從何選起？十間茶屋以設計思維解決一般人有機會喝茶時，最容易遇到的問題，「我們把麻煩的都先處理掉，留給消費者的就是 Brewing & Sharing，讓人感覺泡茶的時候，世界簡單了。」

一進門，先決定想喝熱的或冰的，牆上極簡英文字寫上四種沖泡方式，熱泡 HOT BREW 最能彰顯茶的香氣、熱沖冰 BREW OVER ICE 口感甘甜、冷泡 CLOD BREW 清甜生津、冰滴 ICE DRIP 萃取高級茶葉的極致風味。

接著看到茶名，每款茶都有數字編號表示風味輕重程度，00、05、10分別呈現清新、沉穩、濃醇；而名字裡有「初、午、暮」的品項，即對應建議品飲時段，越接近晚上喝的茶焙火程度越高，可能影響睡眠的茶鹼則越低。有了環環相扣的直覺性標示設計，輔以茶師親切解說，茶純粹的好得以快速被了解，找到適合自己的茶不再是困難。

專業但不曲高和寡的精選茶

店內精選的十二款茶，是 Franco 從台灣三、四十個品種中所挑出的，彼此個性迥異、風味區隔明顯，再經過親友盲測後，再定案出要讓消費者們品飲的茶款。店裡佐茶的三樣甜點同樣經過市調，提供大眾偏愛的磅蛋糕、蘭姆葡萄夾心，未來還會陸續增添新品項。高專業度但不受限於傳統，保持開放、聆聽市場，是新一代茶人的共通特質。

十間茶屋懷抱打入國際市場的野心，積極與世界接觸，像是在臺灣文博會的 Buyer Center 裡提供茶飲，各國設計師洽談商務時喝到自己國家沒有的獨特好茶，便會親臨店裡帶走茶葉，於是，台灣茶的香氣也跟著跨出島嶼。

淨白為底，簡約優雅的茶設計

「十」是東西南北的交界，「間」代表兩段時間的交會，品牌名稱來自我期許世代傳承、延續茶生命，也保留早期台灣社會來自四面八方的人們以茶交流的熱情。而Brenda設計的logo經過6次改才定案，最終的版本以簡約圖形體現重要元素。

上半部的阿拉伯數字「10」呼應「十」，整體來看狀似由J和S兩個字母組成，呼應英文品牌名「Shi Jian Tea」；左半部的J為茶席道具「茶扒」及「茶則」，代表一泡好茶的開端，右半部是俯瞰的「茶杯」及「茶海」形狀，代表茶泡好之後茶師

從單杯品飲找到自己喜歡的味道後，許多客人進而購買茶葉回家沖泡，包裝設計維持簡約優雅，畫上如植物圖鑑般的茶葉插圖，不需多餘裝飾，讓焦點始終不離「茶」。

創茶新人

使用茶海分杯,將茶湯分享給與會的客人。人氣最高的冷泡茶需浸泡15-17小時,每天新鮮製作數量有限,夢幻剔透的玻璃瓶瓶襯托茶湯迷人原色,經常在打烊前幾小時就銷售一空。

決定瓶器前,十間茶屋試了六、七十支瓶子才遇見完美;扁平玻璃瓶易於拿取、細嘴口設計則能讓客人分五至六口喝完,「一泡香、二泡茶,三、四泡精華,五、六泡最回味。」Franco解釋這樣的品飲方式能嚐到茶最多層次的滋味。

包裝上刻著雋永的時間圓軌,代表茶湯烘焙與發酵度的「00、05、10」數字,團隊前後花了兩年期間,創造四種風格冷泡茶:初春蘭香、烏龍午韻、暮色小葉紅、暮焙老葉,帶來品飲的細緻體驗。

Ice Drip 冰滴壺原本屬於咖啡器具,十間茶屋發揮巧思放入丸型濾紙使茶葉更浸潤,製作出每天限量的冰滴茶。精良優美的台灣設計道具亦在店內展售,頗受日本觀光客喜愛。

茶行裡的茶學問

和茶師近距離互動

十間茶屋認為泡茶「泡的是心情與交流」，這裡的茶師普遍年輕、打扮具獨特性，都具備愉悅、熱情、主動等特質，不一定要以茶作為開場白，但必須喜歡和人多聊幾句話，一邊流暢地沖泡、一邊閒聊生活，交談中協助客人找到屬於自己的味道。Franco具備品鑑、行銷、茶葉茶具開發等專業，為茶師準備的教學課程精實，考核也堪稱嚴格。第一階段學習基礎知識、茶道禮儀，並安排前往茶區進行製程研習，最後通過盲測，培養出對各種茶的敏感度；第二階段講究穩定度與速度，通過「兩小時出36杯茶」的測試才能成為正式茶師，並擁有量身訂做、符合個人身型的專屬茶師服。

來訪的這天，茶師們正準備著十間茶屋的「冰滴茶」，是店內的「初之紅香」、「暮梨紅水」，都是高山烏龍茶。店裡選用台南設計師的Ice Drip冰滴壺，以冰塊和水浸潤茶乾，冰滴取得的茶湯香氣、口感、甜味都會比較明顯。其中，「暮梨紅水」的發酵度較高，有著紅糖香、蜂蜜香；而「初之紅香」則是花香、草香的氣息，有著大自然的芬芳感。

除了冰滴茶可嘗鮮，店內仍有提供冷泡、熱泡茶，用不同的方式品嚐茶湯之餘，茶師還會親切說明每款茶的特色、風味，甚至現場示範泡茶，藉由互動讓旅人們更了解茶，也讓喝茶時光更加純粹、簡單。

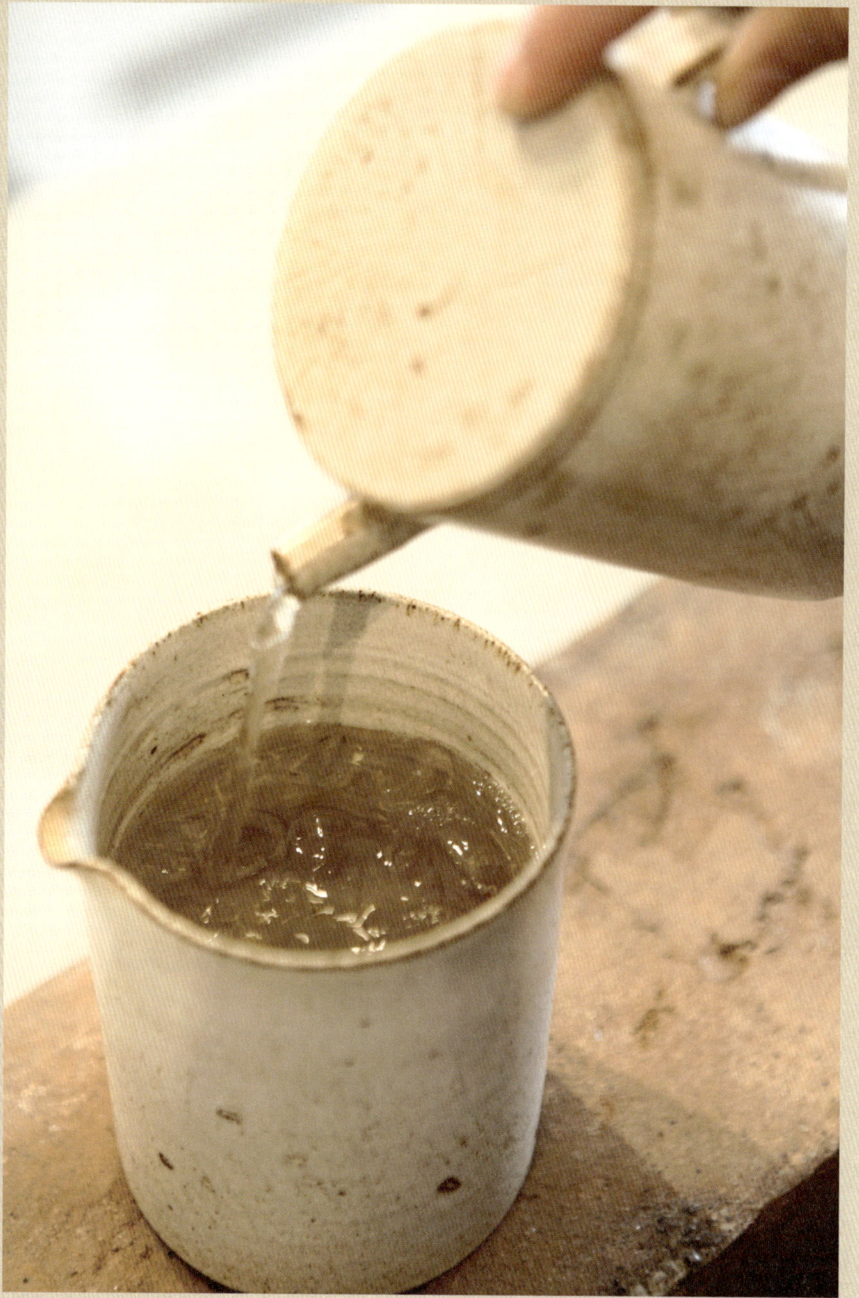

Part 3　茶學問・茶行與茶人

JJ
SHI JIAN TEA

....
特色茶款 ×5
....

初春蘭香

種植地：南投名間，海拔500M
茶種：四季春
風味特色：露珠與青草相混的舒服氣息，特別加入樹蘭花使尾韻添增花果般的甜美
沖泡方式：1g茶乾兌上50ml的水，第一至四泡的浸泡秒數分別為60、50、60、70
溫度：90℃

岩香午夷

種植地：南投名間，海拔500M
茶種：正欉武夷
風味特色：充滿「岩韻」的特殊品種，淡淡的蘭香，沈穩內斂回甘
沖泡方式：1g茶乾兌上50ml的水，第一至四泡的浸泡秒數分別為60、50、60、70
溫度：95℃

午鐵觀音

種植地：新北市坪林，海拔500M
茶種：正欉鐵觀音
風味特色：獨特熟果香氣、微微果酸，醇厚口感中帶點桂花香
沖泡方式：1g茶乾兌上50ml的水，第一至四泡的浸泡秒數分別為 60、50、60、70
溫度：95℃

暮黑烏龍

種植地：南投名間，海拔500M
茶種：青心烏龍
風味特色：煙燻香氣、蜜香與焦糖香，口感滋味濃醇
沖泡方式：1g茶乾兌上50ml的水，第一至四泡的浸泡秒數分別為 60、50、60、70
溫度：100℃

暮日紅茶

種植地：南投名間，海拔500M
茶種：紅韻（印度大葉種Kyang和安徽祁門紅茶的完美混搭）
風味特色：飽含柑橘花香、溫暖而爽口的蕃薯甘甜，果實香氣明顯
沖泡方式：1g茶乾兌上50ml的水，第一至四泡的浸泡秒數分別為 60、50、60、70
溫度：85℃

Part 3　茶學閣・茶行與茶人

創新茶人

茶，是我們的老師

茶米店—講究傳統工序的純淨好茶

「乾淨的茶，就是好茶」是茶人藍大誠給茶的定義，也是一直以來對於自家茶品的嚴謹要求。

採訪撰文／cube　攝影／王正毅

Shop data
地址：台中市西屯區惠來路二段101號1樓（劇院茶屋）
官網：www.charmingchoice.com.tw

台灣茶的品牌有很多，但用台語來命名品牌的，應該只有「茶米店」了。以台語唸感覺復古、用英文唸卻是「Charming」，直率又俏皮地告訴你：「我賣的，是茶」，有如創辦人─藍大誠予人的第一印象，對於茶的想法很單純、很直接。

現在的藍大誠能流利地說茶、信手捻來茶知識，是在創辦品牌之前，紮紮實實地受過訓練，在全台最大的茶產區──南投名間鄉，走遍許多茶廠，學製茶、每天喝茶，了解種植源頭與茶種、製茶過程中的化學變化⋯⋯等。「我覺得不夠，想賣茶，不能只懂這些，我更重視的，是茶本質的風味」，藍大誠說道。

── 茶藝師與茶人共創品牌 ──

雖然父親領他進茶的世界，但藍大誠覺得，想賣茶，應該有更好的方式提供給消費者。在兼差賣茶的日子裡，有次機會讓他嘗試賣起紅酒，卻因此找到自己的賣茶之道。「紅酒講求味

201

劇院茶屋位於歌劇院裡，可以坐在視野廣闊的茶席上品茶。

覺體驗，有侍酒師系統，不同國家、不同莊園的種植與釀造製作也不同。紅酒會被分級或做杯測，茶應該也能如此」，對於賣茶的方式、想賣什麼樣的茶，在藍大誠的心裡慢慢成形。

成為專業茶人的路上，還有兩位重要支持，一位是親密的牽手——太太賴郁文，一位是台灣傳統製作老師傅。出身茶藝師世家的賴郁文，與藍大誠在某次茶會上相識，郁文擅長泡出茶的正確風味，與藍大誠對於茶的追求不謀而合。背景相近、個性互補的兩人，一人懂泡茶、一人會說茶，決定攜手創立好茶品牌，進而有了茶米店 charming Choice、每週五營業的深夜無菜單茶館，與台中國家歌劇院裡的「劇院茶屋」。

回歸茶本質，乾淨為重要原則

對於自家茶滋味的想法，啟蒙者則是老茶師，他教藍大誠品味何謂「乾淨的茶」。乾淨一詞聽來抽象，其涵義是：不能有雜味、苦味、澀味⋯⋯等，茶湯茶味要清、順口回甘，而且飲用者不會感受身體不適。輕描淡寫的背後，其實花了許多功夫，藍大

創茶新人

藍大誠為每支茶都取了很詩意的名字，悉心標註上茶的風味特色。

誠累積自己的味覺經驗，歷經長時間訓練才習得精髓，他開始能描述每支茶的風味、單寧度⋯等，與之前在茶廠的修業經驗融會貫通，進而歸納出自己對於茶的詮釋。

回嚴謹做茶 走向單品

聽藍大誠說茶，你會感覺像在品紅酒或談論咖啡，他的用字遣詞有如侍酒師、咖啡師那般優雅，喚起聽者對於風味的想像與興趣。在建立起自己的味覺資料庫之前，藍大誠先學了焙茶，分辨每批毛茶的狀態，再決定合適的焙度，才能讓茶有自己的個性、呈現該有的味道。

為了焙出好喝的「單品茶」，藍大誠決定再度回到種茶源頭，找尋與自己志同道合的茶農，因為好的原料影響成茶70％的風味展現。他與在南投、苗栗的茶農們，從討論照顧茶園開始，希望以「照起工」方式製作傳統風味的茶。

藍大誠所說的「傳統風味」，指的是萎凋時水分消散是否順暢，與發酵是否做足以及浪菁手法，這兩件事會決定毛茶的品質。首先，茶菁萎凋時，茶葉外緣與內部走水順暢；浪菁時，他希望製茶師傅輕輕慢慢地，讓氧氣進入茶葉，香氣、滋味均與交換，如此做出來的茶葉發酵度均勻，香氣、滋味與回甘度也都在最佳狀態，但是相對費工，20個小時才能做出一批茶。

年輕陶作家怡方（EVON WANG ceramics）接受茶米店Charming Choice的邀約，於3月展覽中選用日本瓷土，在自調的粉紅釉色上點綴金銀，搭配茶的味道、花的姿態，表現春天、品嚐粉紅色。

Part 3　茶學問・茶行與茶人

茶行裡的 茶學問

焙茶與品茶

茶米店的茶因為製作工序完整、乾燥度夠，所以買回去後，可以讓茶先醒1週再喝，之後2-4週的風味都還很好。

到現在都自己焙茶的藍大誠，會先了解每批收進來的茶有哪些缺點、找出問題點並改善它。比方，這一季的茶園管理做的是否完善、製茶過程是否確實…等，專業焙茶師需具有這樣的辨別能力，再進行焙茶。

進行焙茶時，會判斷茶葉水分的消散程度，確實讓水分都焙透焙淨，之後才慢慢加火上去，做出想要的風味。如果把茶的風味焙得很完整，那麼，茶葉就會有前中後味的層次，飲者會感受到香氣與口感變化。舉例來說，茶有花香、果香，焙茶師會讓這支茶的特色發揮到最佳且味道悠長，不會像煙火般只出現一下就消失不見。

一支茶如果做得好，它的兒茶素濃度、氧化程度也越高，從原本的青草香轉成亮麗的花香。而這樣的風味，在茶湯入口後，會從上顎、舌面、兩頰、喉頭…等慢慢擴散至整個口腔，不會只在初嚐瞬間覺得有香氣從鼻腔衝出而已。

「做好做滿」的茶，只要存放得宜，也很適合存放成老茶、陳茶。適製老茶的茶款本身最好是質地厚重、單寧度高，雖然因為單寧高、剛做好的第一年會不好入口，但隨著時間發酵，會轉化成迷人韻味。

About tea
茶 人 說

　　在家泡茶,如何可以泡出最好味道?藍大誠建議,買一組瓷的蓋杯,因為瓷的材質中性、毛細孔小,不會影響茶味;而注水沖茶時,請以柔沖的方式,避免局部過萃。如果沒有蓋杯,那就用馬克杯泡吧!以350ml的水兒上5g茶乾,泡3分鐘後就能飲用,不用撈出茶葉,是一次性飲用的泡法。

Part 3　茶學問・茶行與茶人

茶米店
Charming Choice.

特色茶款 × 5

夏至—玉山金萱紅茶

種植地：南投信義鄉
茶種：金萱
風味特色：花蜜香、桂圓紅棗枸杞、甜感細緻
沖泡方式：以1g茶乾兌上50ml的水（若以120ml蓋杯沖泡，標準置茶量為7g），第一泡30秒、第二泡15秒、第三泡30秒
溫度：90℃

白露—玉山熟香烏龍

種植地：南投信義鄉
茶種：青心烏龍
風味特色：熟成水果、龍眼乾、細緻木質感
沖泡方式：以1g茶乾兌上50ml的水（若以120ml蓋杯沖泡，標準置茶量為7g），第一泡60秒、第二泡30秒、第三泡60秒
溫度：100℃

紅玉─日月潭紅茶

種植地：南投魚潭鄉
茶種：紅玉
風味特色：清雅薄荷、肉桂、細緻花蜜香
沖泡方式：以1g茶乾兌上50ml的水（若以120ml蓋杯沖泡，標準置茶量為7g），第一泡30秒、第二泡15秒、第三泡30秒
溫度：95℃

若芽─玉山清香烏龍

種植地：南投信義鄉
茶種：青心烏龍
風味特色：高雅花香、輕盈的青果香
沖泡方式：第一泡20秒、第二泡起？秒
溫度：95℃

美人─東方美人茶

種植地：新竹峨眉鄉
茶種：白毫烏龍
風味特色：細緻花蜜香、成熟水果、飽滿平衡
沖泡方式：以1g茶乾兌上50ml的水（若以120ml蓋杯沖泡，標準置茶量為7g），第一泡30秒、第二泡15秒、第三泡30秒
溫度：90℃

Part 3・茶學問・茶行與茶人

無藏茗茶——堅持工法讓烏龍茶無限變化

好茶透明不藏私

做茶,是一環緊扣一環的實作與科學,用科技人的理性減少變因,做出滋味簡單、但製作不馬虎的好茶。

Shop data　地址:台中市西區中興一巷10號2樓　電話:04-2301-4831
官網:http://www.wu-tsang.com.tw

創茶新人

喝茶，可以在任何場域，但在老屋裡喝茶，似乎更添一份人文情懷，座落在台中西區的「無藏茗茶」，就是這樣隱身在老建築裡的小巧茶屋，等你來品嚐不藏私的茶。老建築的前身是自來水公司的舊眷宿舍，現隸屬於范特喜文創聚落，策劃團隊保留了老房子架構，讓各種文創小店進駐，活化當地。

用科技人思維，讓茶品質穩定

而「無藏茗茶」是聚落裡唯一的茶屋，跟著樹影日光上到二樓，就能看到茶屋與視野極佳的露台。

「無藏茗茶」的創辦人Hank是資深竹科人，原本不打算接茶廠第三代家業，但在科技領域中，讓他反思茶這項看天吃飯的農產品，如果能被邏輯化、系統化、資訊化，或許做茶賣茶就能更穩定品質，價錢也不會總是被動地被茶商牽制。

於是，本著想讓茶品質規格化、資訊也更透明的想法，孕育出「無藏」茶葉品牌，讓「同值比價、同價比值」落實在自家茶的製作與販售上。前段茶廠作業有姐姐、姐夫做後盾，Hank則為製茶的

無藏茗茶常跨界合作、發想設計包裝，也客製化送禮需求，可單選茶款或是茶搭配茶食、茶具。

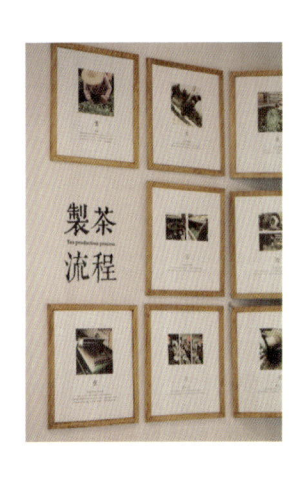

店裡牆上佈置了完整的製茶流程圖,讓消費者一目了然步驟細節。

透過茶屋,接觸年輕喝茶族群

負責後段行銷與市場規劃的Sarah,對於茶的專業知識如數家珍,是「無藏茗茶」的重要角色,與店長欣宜、負責視覺傳達的逸君一起經營茶屋,推廣好茶理念。平時,她們會在茶屋裡挑茶梗、包裝茶,如果你來到茶屋、也對茶有興趣,歡迎推門進來,聽她們說說茶的產地故事,一杯好茶怎麼來。Sarah說,他們家的茶仍維持費工的手採茶,抓準每天早上8、11點採摘,好讓茶菁有充分時間做日光萎凋,一般採5斤茶菁只能做1斤茶葉,因此每批茶都是按步驟產的精選茶。

因為特別有感於台灣喝茶人口的斷層、觀察到年輕人喝茶講求方便、視覺包裝、常喝冷泡茶,以及喜愛嚐鮮的特性,他們改良茶葉包裝的重量、包材,更嘗試各種包裝設計,讓茶葉的個包裝、中包裝、外盒設計,能更貼近每種需求的愛茶人士。

13個環節步驟定出數值,並且親自試茶品管。正因為不趕工做茶,所以每批茶的品質趨近一致,讓製茶人專注於自家茶的品管,也讓消費者簡化買茶、試茶的繁複流程,也能喝到最安心的茶。

創茶新人

茶人教你了解茶

「無藏茗茶」的高山茶一年只收 4–5 月、10–11 月這兩季,有做可變化焙度的烏龍茶,另也有金萱樹種做的紅茶、綠茶、烏龍茶,以及特殊風味的白毫烏龍茶。來到茶屋,若只帶走一杯茶,其實很可惜,和茶人們聊聊,能感受到做茶的不簡單與製作細節。

說話溫婉又有條理的 Sarah 娓娓道來每支茶的小故事,引起我們對茶的興趣。比方著名的白毫烏龍茶(新竹北埔一帶稱「東方美人茶」),本身就是比較強壯的樹種,才能耐得住讓小綠葉蟬叮咬,雖然著涎作用旺盛,蜜香味也越重,但不宜被叮咬過度,所以有些茶農會特別注意採收時間;而他們家則是讓茶種在山邊畸零地,依茶樹本身的生命力自然決定產量。想品嚐白毫烏龍茶的蜜香味,建議進行熱泡最適合,因為高溫會讓茶液中的蛋白質進行梅鈉反應,熱著喝的味道最出色、蜜香明顯,冷著喝的話,比較偏向麥香味。

而另一款金萱茶，是更強壯易生長的強勢樹種，它的味道比較淡、口感不強，但嚐來淡雅，金萱樹採下的茶葉可做成紅茶、綠茶，適合喜愛清淡茶味的飲者。這裡還有一款「冬片烏龍」，所謂的冬片，指的是冬茶採收後才冒的小嫩芽，特別健康的茶樹被冷鋒洗煉，於每年1月採收，茶芽量少、單價較高。茶芽本身沒有味道、口感不強，但它具有芬芳綿長的喉韻，是非常珍稀的茶品。

茶行裡的 茶學問

烏龍茶

烏龍茶是能選擇發酵度、變化焙度的茶款,「無藏茗茶」特別做成7款變化,承襲來自產地的正統製法,分別是金萱烏龍、高山烏龍、冬片烏龍、陳年烏龍、炭焙烏龍、白毫烏龍、精製烏龍,而且依據風味特色,賦予它們可愛的名字。

製作烏龍茶的有趣之處,就是藉由控制茶菁發酵度(即兒茶素的氧化程度),再加上焙火,就能讓烏龍茶有多種風情。其中,發酵度會影響咖啡因含量,而焙度與口感呈現有關,極需焙茶師的功力與經驗值。

像是來自阿里山的高山烏龍,產於1500m的高海拔山上,高山茶的特色是清香,所以用輕發酵(20%)、輕焙火的方式,保留住它的蘭花與桂花香、但又不失口感。如果喝茶怕苦味的朋友,精製烏龍是個好選擇,它一樣是高山烏龍,但是挑掉了茶梗與老葉,所以不會留下苦味,即便茶葉久浸也不苦澀。

如果希望烏龍茶風味更濃郁穩重,會加上炭焙,這裡使用龍眼木做燻製。將發酵度35%的青心烏龍,以重焙火方式,費時12天做低溫悶焙,讓茶的滋味慢慢熟成至有花果香、龍眼炭燻香,口感濃厚帶勁。

茶 人 說

　　每種茶都能熱泡與冷泡，但需注意是否合適該支茶的特色，因為不同溫度的水會使茶葉釋放的咖啡因與茶鹼程度也不同，的確會影響茶味，建議買茶時一併了解一下茶的特性，有助於泡出最對味的茶。

　　而飲用茶的時間也有學問，比方早上適合喝重焙火、重發酵的茶，讓思路清晰、做事有精神，像是炭焙烏龍茶；中午飯後，可以喝點輕發酵的烏龍茶或綠茶，提振一下昏昏欲睡的自己，同時去油解膩；到了晚上，可以喝零咖啡因、低茶鹼的紅茶或普洱茶，不怕因為喝茶而影響睡眠。

　　存放茶葉時，除了注意茶葉怕日照、怕潮濕環境外，依據茶種、在賞味期限內品嚐也很重要。比方，屬於後發酵茶的紅茶或普洱茶可耐久存放；如果買到的是新茶（比方當季春茶）、綠茶類，儘量趁新鮮泡製，飲用的風味會比較好。

Part 3　茶學問・茶行與茶人

特色茶款 × 5

天生優雅——高山紅茶

種植地：阿里山石桌茶區
茶種：金萱（台茶12號）
風味特色：高山清香、不澀不苦
沖泡方式：1g茶乾兌上100ml的水；第一、二泡皆為50秒，第三泡60秒，第四泡70秒，第五泡90秒，第六泡120秒
溫度：95℃

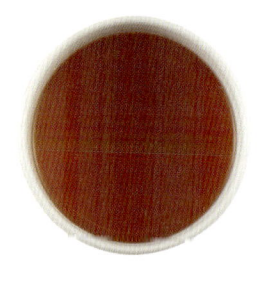

真實的自己——高山烏龍

種植地：阿里山石桌茶區
茶種：青心烏龍
風味特色：蘭花與桂花香、高山清香
沖泡方式：1g茶乾兌上100ml的水；第一、二泡皆為50秒，第三泡60秒，第四泡70秒，第五泡90秒，第六泡120秒
溫度：100℃

享受單獨──精製烏龍

種植地：阿里山石桌茶區
茶種：青心烏龍
風味特色：更細膩純粹的蘭花與桂花香、高山清香
沖泡方式：1g茶乾兌上100ml的水；第一、二泡皆為50秒，第三泡60秒，第四泡70秒，第五泡90秒，第六泡120秒
溫度：100℃

生命無限──冬片烏龍

種植地：阿里山石桌茶區
茶種：青心烏龍
風味特色：口感不強，但有特殊花香、喉韻無窮
沖泡方式：1g茶乾兌上100ml的水；第一、二泡皆為60秒，第三泡70秒，第四泡80秒，第五泡100秒，第六泡120秒
溫度：100℃

夢想之路──白毫烏龍

茶種：青心大冇
種植地：阿里山石桌茶區
風味特色：熟果香、蜜糖香
沖泡方式：1g茶乾兌上100ml的水；每一泡皆為30秒
溫度：100℃

新創茶人

用女性思維，傳遞茶之美

二一茶栽——一心 把茶做到最好

因為看到高山茶農的堅韌，而捨不得放棄這項具有台灣代表性的農產品，二一茶栽希望好茶能被更多人認識，所以起心動念創立了自家茶品牌。

採訪撰文／cube　攝影／王正毅

Shop data｜地址：台南市永康區中華西街52號　電話：06-3027222
官網：www.21teahouse.com/

不只賣茶，還開設茶實驗教室

「三茶栽」一個由兩位女力——黃芊菲與黃珮桓所經營的茶品牌，正在台南當地慢慢開展，除了賣茶，她們積極舉辦不同主題的茶課程，希望藉由活動、講座推廣正確的茶知識，讓大家了解茶的滋味、茶的有趣。

在做台灣茶品牌之前，老闆黃芊菲是位咖啡人，在西雅圖生活、習慣天天一杯咖啡的生活，因此茶對她來說，原本是遙遠、完全不熟悉的事。返台後，在堂哥的介紹下，黃芊菲向葉文成先生學習關於茶的一切事情，其中，到阿里山學做高山茶的過程中，茶農們的質樸與韌性讓她深受感動；為了讓辛苦製作的好茶讓更多人喝到，甚至是國際人士發現台茶之美，她興起做在地茶品牌的念頭。

Part 3　茶學問・茶行與茶人

「納涼屋」為臺灣日治時期所建之臺南州立農事試驗場，是有百年歷史的日式建築，在裡頭喝茶，別有一番風情。

積極培育「茶二代」做傳承

經營「二三茶栽」多年，黃芊菲有兩位得力助手相伴，一位是茶課講師——珮桓，另一位則是在山上幫忙做茶的兒子。很會說茶、對茶充滿熱情的珮桓負責茶相關的教學，每個月都與台南的「納涼屋」合作，在充滿日式風味的百年老建築裡，教民眾如何品茶、識茶、簡單泡茶，名為『茶實驗課』的課堂

中部茶區歷經九二一大地震、八八風災的摧殘，但在此生活的茶農仍認份做茶，黃芊菲覺得，應該把台灣茶的質純保留下來，同時讓國內外的愛茶人士能買到真正的台茶，而非假冒台茶的進口茶葉。在創立品牌的起初，「二三茶栽」積極到國外參展、曝光，茶品設計也拿下不少獎項，為讓台灣茶在國際上能被看見、被肯定。

泡茶時,要讓茶乾確實舒展開,特別是團揉的茶,注水淹過茶的水量要夠。

拍攝時,老闆黃小姐為我們示範「碗泡」自家的高山茶,而「碗泡」正是一般在山上會現場試茶的泡茶法,使用不會吸味、無毛細孔的白瓷茶碗來泡,最能清楚鑑別茶湯顏色,再用瓷湯匙撥開茶葉、觀察葉片展開的狀態,所以茶的好壞與否,用碗泡最能一覽無遺。

上,用簡單的器具及有趣的方式讓初入門及愛茶民眾都能輕易了解台灣茶的知識和珍貴之處。而在山上幫忙做茶的兒子,更是黃爭菲的強力後盾,現與南投山上的「茶二代」年輕人們共同努力做茶,雖然過程耗時費力,卻從不喊苦,只想單純地、紮實地把台茶滋味延續下去。

茶的一切，藏在細節裡

如果有機會仔細端詳茶乾、茶湯、葉底，它們的外觀、顏色、長相能述說不少故事，從這些小地方開始，或許你也能初步了解關於茶的二三事。以烏龍茶的茶乾來說，可以先觀察它的顏色，如果是用成熟度很足夠的茶葉來製作，會顯現出墨綠色或帶點黃綠色澤，並且表面有微微油光，這是因為茶葉本身就帶有油脂的緣故。

緩緩將茶湯注入杯中，看著茶葉舒展開來的同時，珮桓說，這時可以看一下茶湯顏色，如果湯色透而不濁，代表製作過程中的工序較完整到位；如果茶湯濁且偏暗紅，大多是因為茶菁的成熟度不足，導致發酵不足與走水不順，在此情況下做的茶就會苦澀，並呈現不對的顏色。

許多茶人們也會透過觀看「葉底」來分辨茶菁成熟度、產地採摘與製作過程、焙火程度…等。

如果手邊有瓷湯匙，可以用它將茶葉稍微撥開，藉此觀察一下狀態。特別是半發酵的烏龍茶，如果茶菁的成熟度夠，而且發酵、萎凋工序也做足，你會看到泡開來的葉片有著發酵作用後而產生的紅邊，也就是俗稱的「綠葉紅鑲邊」，這樣的茶湯喝來不苦澀、湯色澄亮。如果仔細一點看，還能分辨是否為混茶，像是四季春、金萱這類價位比較低的茶款，容易於製程中魚目混珠、有時會被當成青心烏龍來賣，這些小地方都是得親自泡茶後才能細緻觀察的部分。

金萱的葉型是橢圓型，主脈與葉脈角度約80度，葉形有鈍角，且葉脈比較平。而四季春的葉片大小雖近金萱，且也是橢圓型，但主脈與葉脈角度約為45度，細細比較的話還是不太一樣的。

茶行裡的 茶學問

高山茶

台灣的高山茶區多位於中部，包含了阿里山、杉林溪、梨山、福壽山、大禹嶺這五大茶區，其中以海拔1000-1800公尺的阿里山的茶區域涵蓋最廣，因此可製種最豐富、種茶製茶區域涵蓋最廣，因此可製的茶款也多，常見的有金萱茶、高山烏龍、蜜香紅茶…等，但仍以輕發酵、輕烘焙的清香型茶品為最大宗。

來自高山的茶香氣足，有種特殊的「山頭氣」。不過採製都深受天候、地理環境與人力條件限制…等考驗。真正的高山茶只能現地現做，而且萎凋需要足夠時間，以免因為走水不足，而影響成茶風味。

在高山需要面對的天候變化大、地形也嚴峻，包括了午後山間容易起霧、冬日可能有霜害而使產量銳減、連日多雨不見太陽…等各種狀況，所以如果很幸運地買到了真正的高山茶，絕對要好好品嚐它特有的清香氣息。

About tea

茶 人 說

　　泡茶早已不是老人茶的舊時印象,用簡單的泡法,像是用碗和湯匙就能泡出一碗茶。但如果來到納涼屋和珮桓老師學習「茶實驗教室」,能體驗到更多的泡茶法,除了碗泡,還有傳統蓋杯泡、壺泡,或是手沖、冷泡,甚至是用雪克杯搖冰茶⋯等,用不同方式泡的茶湯滋味與口感,也會不一樣喔,非常有趣。除了泡茶,老師也會為大家介紹紅茶、綠茶、烏龍茶⋯等不同發酵度的茶,認識它們的特色、製程與泡茶溫度⋯等,帶大家多多累積自己品茶的味覺經驗,才能更懂茶味真諦。

Part 3　茶學問・茶行與茶人

茶栽 21

特色茶款 ×5

阿里山金萱

種植地：嘉義梅山鄉
茶種：金萱，台茶12號
風味特色：奶香、花香
沖泡方式：茶乾鋪滿容器底部即可，第一泡45秒、第二泡30秒、第三泡45秒
溫度：95℃以上

紅貴妃―蜜香烏龍

種植地：嘉義梅山鄉
茶種：青心烏龍
風味特色：蜜香與熟果香氣
沖泡方式：茶乾鋪滿容器底部即可，第一泡45秒、第二泡30秒、第三泡45秒
溫度：95℃以上

紅烏龍

種植地：嘉義梅山鄉
茶種：青心烏龍
風味特色：濃郁熟果香
沖泡方式：茶乾鋪滿容器底部即可，第一泡40秒、第二泡60秒
溫度：95℃以上

阿里山凍頂烏龍

種植地：嘉義梅山鄉
茶種：青心烏龍
風味特色：花香
沖泡方式：茶乾鋪滿容器底部即可，第一泡50秒、第二泡40秒、第三泡50秒
溫度：95℃以上

阿里山蜜香紅茶

種植地：嘉義梅山鄉
茶種：青心烏龍
風味特色：香氣清雅、甘醇蜜味
沖泡方式：茶乾鋪滿容器底部即可，第一泡40秒、第二泡60秒
溫度：85~90℃

創新茶人

用鋥純的心做台灣茶

八拾捌茶－用花果演繹茶的無限可能

以茶為基底，納入台灣的花與果、原住民的天然香料香草，以窨製手法讓茶有了各種姿態，讓台灣茶更有在地味。

採訪撰文／傅紀虹　攝影／陳家偉

Shop data　地址：台北市萬華區中華路一段174號｜電話：02-23120845
官網：eightyeightea.com

八拾捌茶,來自對父親的思念

創辦人周潔鈴說起創立八拾捌茶,是因為對茶的第一印象,來自於與病逝父親的記憶就是一起喝茶。這一段記憶在茶味中柔軟了嚴肅家規,與父親之間,有綿長的親子之情。

在父親病逝後,周潔鈴決定放棄電子業高薪,回到自然,回到爸爸所愛的台灣土地。她想找與土地相關的工作,於是開始到百年茶莊工作,學喝茶、烘茶、製茶,天天練嗅覺、味覺。「這沒有SOP,一切就是感受」周潔鈴說,如同廚師,天天要畫出無形的細緻味道,找出問題,練就出自己獨力烘製好茶的功夫。2011年在因緣際會下,周潔鈴與朋友一起創業,開啟了找尋台灣味、台灣好茶的「八拾捌茶」。

在地歷史＆在地好茶

2014年，八拾捌茶進駐文化局老房子文化運動中的「西本願寺輪番所」，周潔鈴談起這一段，當時八拾捌茶才剛成立沒多久，原本以為與其他有規模的申請者相比，應該沒有機會可以進駐，但是也許冥冥當中注定，讓在地歷史與在地好茶，在此相遇。

輪番所，具有日式建築工法，位於青少年流行文化匯聚的台北西門町。古屋舊時代歷史，與當代在地好茶的茶香、茶味、茶文化，交織出古今交錯又文化融合的場景。周潔鈴在此提供自家烘製與窨製的在地台灣茶，教人如何泡茶、聞茶香、品茶。

2011年台北市政府考據日式建築工法，重修輪番所，牆身為雨淋板，屋頂為日式的黑瓦和脊瓦，保留昔日模樣，是西本願寺遺跡中最完整的建築。

創茶新人

輪番所就是台灣真宗本願寺的派駐寺院住持的宿舍。

── 對土地的感受，創作台灣好茶味 ──

台灣是花卉、水果、茶葉王國，因為有高山，高低造就溫差，物產豐富。周潔鈴創業後，跑遍台灣尋找適合與茶相佐的在地滋味。她自己研究窨製茶作法，常常為了做窨製花茶，趕上花期，凌晨就要帶著茶胚，趕下中南部製茶。而為了研發新的窨製水果茶，水分控制、香氣附著，個個都是關鍵點，雖然非常難做，但卻能表現出她對於台灣土地的敬意。

不論是茉莉、梔子、野薑、玉蘭、桂花、晚香玉、柚花等的窨製花茶；竹心、土肉桂、薑韻、馬告、咖啡等的大地系列；以及經典茶品的八扇窗系列，周潔鈴想以茶寫台灣故事，用台灣在地花卉、水果、自然香料植物，畫出自己的八拾捌茶品牌味。

233

行家教你泡茶品茶

有些人可能會覺得買茶時,明明試喝時覺得好喝,但買回家自己泡,卻覺得味道差了一些,原因也許在這細節中。因此,周潔鈴推薦用碗泡的方式泡茶、品茶、鑑茶。

碗泡是看茶葉好壞的基本方式,不用計時器、溫度計,也不需要有名貴茶具、山泉水。只需要準備瓷碗、瓷湯匙,由於瓷器的毛細孔較細,不易附著味道,可避免器具因為殘留味道而影響茶味。

step 1　溫碗、溫杯

以順時鐘注熱水入碗、溫杯,約四五分滿,過程大約5-10秒。之後將碗內與杯內的水倒入水盂中。溫杯、溫碗是讓盛裝茶水的器具維持溫度,以免影響茶味。

step 2　聞茶香—茶乾

將茶乾倒入碗中,碗中熱氣會使茶香散發,先聞茶乾的原有香氣。

step 3　泡開

以順時鐘注熱水入碗,約七八分滿。以水柱力量,讓每片茶葉都能平均泡入水中。

step5 飲茶——漱含飲清

step4 聞茶香——泡開

待茶葉舒展至七八分時，即可飲用。用湯匙舀茶湯時，注意別擠壓到茶葉，以免破壞茶葉組織，會加重茶湯的苦澀味。飲用時，有幾個品茗小重點：

（1）漱：這個動作是先去除口中其他食物的雜味。
（2）含：讓茶湯充滿口中，大約含10秒後飲用。若是好茶，會有溫順的口感；若感覺茶湯苦、澀、刺、麻，就不宜再飲用。
（3）飲：一口飲下後，喉間會有回甘溫潤、不口乾舌燥、不束緊，代表是好茶。
（4）清：最後，單喝泡茶用的熱白開水。若是好茶，在飲用白開水時，舌間會感覺回甘；若是不好的茶，則會留下苦澀味。

碗泡時，以湯匙來聞茶香。熱的時候，會在湯匙的凹處蓄積茶的香氣；待湯匙稍涼後，會在湯匙底部蓄積茶的甜味。

Q 茶湯茶葉怎麼看？

〔看茶湯〕
看清澈程度：好茶應為清澈、透明、不混濁，可清楚看到碗底紋路。
看茶湯顏色：因為台灣氣候濕潤多雲霧，台灣茶葉泡出來的顏色偏淡。

〔看茶葉〕
同一批製作的茶葉，舒展的速度應該是一致的，若出現不一致，有可能是混到不同的茶葉，這種就是拼配茶。

茶行裡的 茶學問 — 窨製茶

傳統窨製茶製法為：茶胚輕焙→鮮花篩選→茶胚窨花→通花散熱→收堆再窨→篩離花渣→濕胚乾燥→茶葉提香。主要窨製花茶工序在於「茶胚窨花」，以一層茶胚、一層鮮花，重複疊舖並拌在一起。此時要注意茶葉溫度，若超過40度，要將拌在一起的花與茶散開，即為「通花散熱」，如此反覆數次，讓鮮花吐香，氣味與香氣附著在茶葉上。最後將花渣篩離，茶胚在窨製過程中會吸取水分，需重新烘去水分。

窨製花茶時，需要跟著窨製原料的產期和產地走，如台灣黃金桂花的產期約在10月到3月，柚花在3月左右，玉蘭花則在5月到11月之間，為了獲取最佳的鮮花氣味，有時需要將茶胚帶到產地製作。

圖片提供／八拾捌茶

About tea
茶 人 說

除了研發花茶系列外,周潔鈴還以台灣在地水果、原住民入菜用的自然香料植物、竹子等植物窨製茶,不同的窨製原料,需要的窨製次數和製作細節不同。

窨製水果茶時,製程與窨製花茶相同,但有許多關鍵細節要注意。由於水果的水分比花多、甜度高,因此在發酵度的拿捏、水分控制上是窨製水果茶的關鍵。

若水分控制不好,茶葉尚未吸取足夠的水果香氣與甜味的狀況下,就將水果水分吸光的狀況。發酵度拿捏不好,在製作的過程中茶葉就會酸敗,因此失敗率高。

八拾捌茶窨製花茶的方式,是先清潔、清潔欲使用的器具,再以3:1的比例,將茶與花進行數次的窨製。為了保有鮮花的香氣,使茶葉容易附著花香,需要用人工採花,不可將花朵直接搖下,窨製前要將雜物、花蒂、花梗、病蟲害等清除。若研發以其他原料窨製茶,如:竹子,氣味比花還要淡,窨製的次數就要增加,附著氣味的方式也會有所不同。

八拾捌茶

特色茶款 ×4

芒果烏龍

種植地：南投名間
茶種：基底為四季烏龍
選用水果：台南楠西產芒果
風味特色：台灣芒果香氣
沖泡方式：第一泡約40秒、第二泡50秒、第三泡60秒
溫度：95℃

香妃美人

種植地：南投日月潭
茶種：基底為金萱
風味特色：淡淡水蜜桃香氣
沖泡方式：第一泡約40秒、第二泡50秒、第三泡60秒
溫度：95℃

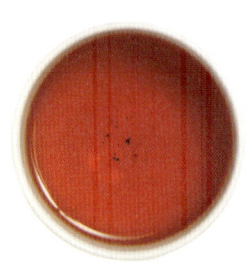

桂花包種

種植地：文山包種－新北市坪林，黃金桂花-南投水里
茶種：基底為文山包種茶
風味特色：台灣桂花香氣
沖泡方式：第一泡約40秒、第二泡50秒、第三泡60秒
溫度：95℃

打那烏龍

種植地：四季烏龍－南投名間，打那－花蓮瑞穗
茶種：基底為四季春
風味特色：紅刺蔥、果汁香
沖泡方式：第一泡約40秒、第二泡50秒、第三泡60秒
溫度：95℃

創新茶人

善用新時代力量，活化傳統茶葉產業

白青長茶作坊——勇於改變的茶職人世家

來自坪林漁光的白家一家四口，不但傳承家族精良製茶技術，更善用社群媒體力量，自我行銷，走出新局。

採訪撰文／黃翠貞　攝影／陳家偉

Shop data ｜ 地址：新北市漁光里坪雙路二段18號 ｜ 電話：02-26657279
官網：www.BY-TeaMaster.com

傳承五代的製茶世家

白家自從日治時代起,便有了與茶葉有關的淵源,第三代白清風自小四處學習種茶製茶的各種知識,時常得獎,目前家中記載最早年份的匾額是1959年。

目前茶作坊由第四代白青長負責,初中開始跟著父親白清風開始習茶,茶葉對他而言,是如同孩子般的在照顧呵護著,期待愛茶人不但能喝到他的好茶,還能喝到他對茶葉的情感,純熟技術使他獲獎無數,2007年得到十大經典名茶的榮耀,更導入產銷履歷,建立消費者的信任感。

第五代的茶職人白育俊、白順楊,持著延續家業的使命感,在外完成學業後,回鄉和父親一起種茶製茶,並以父親白青長名字打造同名品牌。年紀輕輕的兩兄弟,充滿著實驗精神埋頭苦幹,一方面向父親學習技術,一方面去茶葉改良場進修,學習理論結合實務做茶。資工出身的白育俊,開始架設網站,以社群媒體打開知名度,美感好的白順楊重新設計以年輕族群為導向的包裝,讓名氣與銷量大增,原本擔憂這些改變的父親,反而開始為兒子們的表現感到驕傲。

有鑒於衛生安全等品質的重要性，白家更新原來的製茶工具和加強整理環境，在2011年申請通過了ISO22000的食品安全衛生管理認證系統，要讓顧客喝得更安心。2014年全家人聯手製茶，拿到當年的文山包種茶比賽特等獎，兩兄弟更確信自己要一輩子守護家族的茶園。

悉心製茶，與坪林茶人交流創新

2017年6月以文山包種茶得到ITQI（國際風味暨品質評鑑所）的風味絕佳獎章『三星獎』最高榮譽。ITQI以味覺的第一印象、產品外觀（視覺）、香氣（嗅覺）、口感，質地，以及後味（餘韻）為評分標準。他們仍謙虛地秉持著審慎篤實、耐心細心的精神，做出一批批好茶，堅持茶職人努力勤奮的精神。

進行一連串的改變，受到外界注目後，更在當地引發效應，凝聚了不少青年回家種茶，成立了「坪林青年茶業發展協會」，大家一起討論交流跟茶葉有關的各樣議題，常常舉辦活動，致力創新產銷本來也逐漸老化的產業又激發起新活力，而製茶專業也開始受到更多尊重。

依據欲製作的茶款，所需採摘的部位也不太一樣，有的採一個頂芽和芽旁的第一片葉子，為「一心一葉」；有的多採一葉，即「一心二葉」，另也有採一心三葉的。

了解東方美人茶

烘焙完成的東方美人茶,其白毫特別明顯。

東方美人茶又稱「白毫烏龍」,屬於半發酵茶中發酵最重的茶(約70%),其特色在於「著涎」,茶樹嫩芽被小綠葉蟬吸食後,產生自然發酵後的熟果味,著涎越多,茶越香。

採收期間約從芒種到大暑之間,以手工採摘一心二葉的茶芽,採收後馬上進行製程,包括日光萎凋、茶葉浪菁與靜置、炒菁、揉捻、乾燥機乾燥⋯等。因為歷經重萎凋、重攪拌、重發酵的過程,而且日光萎凋與室內萎凋時間較長,所以葉片呈現紅、黃、褐色⋯等五色,經過炒菁、悶菁與揉捻後乾燥,茶乾就會變成紅褐色與明顯的白毫。從採收到製成,必須在一天二十四小時內完成,特別是半夜的浪菁,二至三小時就要做一次,半夜的浪菁時間甚至長達兩個小時,讓葉片水分揮發,若「走水」完全,茶葉喝來甘甜香醇,不會有苦澀味。

經過充分的日光萎凋後,會移至室內繼續做室內萎凋。

清晨採完茶葉後,進行日光萎凋,使茶葉從飽水狀態進入消水狀態。

浪菁,是輕輕攪拌茶葉,使葉緣破損進行發酵作用,若顏色均勻暗淡,表示走水適當。

Part 3　茶學問・茶行與茶人

茶行裡的茶學問

坪林包種茶

左為製成完整良好的包種茶，右邊的因製程中有損傷，而顏色不均。

文山包種茶指大台北地區的南港、汐止、深坑、新店、石碇、坪林及烏來一帶所產的茶，俗稱清茶，是特別著重香氣的輕發酵茶（發酵度約8-12%）。依採收期間、品質及香氣也有所不同，以春茶和冬茶最受歡迎，外形呈條索狀，色澤墨綠，略帶花香。包種茶和東方美人茶的製程差不多，差異為茶菁原料的標準、萎凋程度、攪拌輕重及時間長短不同。製程說明如下：

1. 日光萎凋（或熱風萎凋）：日光萎凋約1小時，熱風萎凋約1小時半。
2. 室內萎凋及浪菁：將茶葉靜置室內促進水分繼續蒸發，經過一段時間，再將茶葉輕輕攪動翻轉，使茶葉相碰摩擦，讓葉緣破損進行發酵作用。
3. 炒菁：炒菁時的高溫使茶菁去除水分、菁味與停止酵素活性，提升香氣與滋味。
4. 揉捻：茶葉放入捻揉機使茶葉捲曲，以破壞部分茶葉細胞組織。
5. 甲種乾燥機乾燥：用高溫烘乾茶葉，抑制茶葉的酵素活性。
6. 廂型乾燥機乾燥：使茶葉的含水量低於4%，利於茶葉保存不易變質。
7. 挑出粗梗以及老葉（黃片）後才為精製茶，茶乾是緊實的條索狀為佳。

246

創茶新人

About tea
茶 人 說

　　早期坪林地區較偏遠，鄉鎮道路都還未開通，山上人家揹著茶葉徒步走10多公里到坪林街上賣給茶商，也有茶商上山收購。收購時，有些茶農因價格低而不願出售，或是產量不多而無法販售，所以置於家中。有些至今已超過40年，包種茶經過歲月自然陳化，產生緩慢醇化作用，茶葉會轉紅褐色，甚至轉深紅色或黑色。10-20年的茶，陳味及酸味強；30年以上的老茶則有類似普洱茶、原木香醇的氣味。老包種茶的熟香，與一般人對於包種茶屬輕發酵的清香印象不同。

白青長茶作坊

特色茶款×4

文山包種茶

種植地：新北市坪林區
茶種：青心烏龍
風味特色：香氣清新優雅，柔和花香聞而不膩，入口生津，落喉甘潤，餘韻久留鼻腔
沖泡方式：10g 茶乾兌上 150ml 的水，浸泡 30 秒；7g 茶乾兌上 150ml 的水，浸泡 45 秒出湯
溫度：90-95℃

東方美人茶

種植地：新北市坪林區
茶種：青心烏龍、金萱、白毛猴
風味特色：熟果香味與清甜蜜香
沖泡方式：7g 茶乾兌上 150ml 水沖泡，約 30 秒，可沖 6-7 泡
溫度：約 85-90℃

1980年包種老茶

種植地：新北市坪林區
茶種：青心烏龍
風味特色：有明顯的仙草香氣，湯質醇厚，入口滑順自然，回甘強烈，有些類似普洱茶味
沖泡方式：7g茶乾兒上150ml水沖泡，約30秒，第一泡約10秒出湯，第二泡後約30秒
溫度：約95℃

蜜香紅茶

種植地：新北市坪林區
茶種：金萱或青心烏龍
風味特色：特殊的天然果香和蜜甜香味，入喉順暢，甜而不膩
沖泡方式：7g茶乾兒上150ml水沖泡，約30秒，可沖6-7泡
溫度：85-90℃

註：以上沖泡方式屬於快充快泡式的比例，條型茶第一泡多半是30-40秒，第三泡起增加10-15秒。

Part 3　茶學問‧茶行與茶人

有機
茶人

洺盛農場 有機茶園—環境對了 茶的滋味就會對

讓茶回歸到最初的本質

「雜草是我的作物，茶園是昆蟲的家」是陳洺浚對自家茶的形象描述，希望做茶友善環境，更友善人的健康。

Shop data ｜ 地址：南投縣名間鄉瓦厝巷72號 ｜ 電話：04-9227-0506
　　　　　　 FB：洺盛農場有機茶園

有機茶人

求質不求量，友善環境的天然茶

南投名間鄉是全台灣重要的茶產區，位於八卦山最南端的丘陵地，在這裡，茶人—陳洺浚用10多年的光陰，堅持做自己的有機茶。只是，做一般的茶已不是件簡單事，更何況得用時間等待土地復育做有機茶，還要忍受蟲害、產量不如慣行穩定…等種種壓力，但陳洺浚心裡有自己的定見。「在名間做茶的人很多，但我想追求品質，讓我的茶有市場區隔，就算不噴農藥，只要茶樹健康，茶一樣不會有雜味，喝起來是順口的」，陳大哥這麼說。

儘管有機茶的產量只有慣行茶的一半，但因為追求天然、健康的茶，陳大哥開始研究轉型種植，到驗證機構開設的課程學習，於民國92年申請做有機茶，目前在名間2000公頃茶園裡，現只有少數通過有機認證。訪談中，好奇地問大哥，慣行農法種的茶與有機種植的茶，滋味上如何分辨？大哥說，有機茶比較有個性、風味豐富，而且每年每季味道都略有不同、很有生命力。

換個方式，讓平價茶有了高級風味

跟著大哥到茶園看他種的茶，有金萱、四季春、台茶18號、翠玉⋯等，種類相當豐富，細問之下，了解每種茶樹都有自己的特性。以四季春來說，是天然雜交孕育而生的品種，在名間鄉的產量佳、香味和品質都特別好，而且生長速度快。雖然四季春常被當成價格低的商用茶，但大哥把他改做成「白金烏龍」，輕發酵後再低溫揉捻，茶湯高雅、帶有甜甜花香。

而比較少人種的「翠玉」也是茶改場培育出的品種，於5-8月採製，它帶有桂花香，大哥把它做成重發酵茶，嚐起來有熟果香，喉韻與滋味都特別好。還有一款同樣是重發酵的茶──「紅水烏龍」，是有著日光氣味的茶，因為做這款茶得挑絕佳好天氣，歷經4小時的日光萎凋，才能進行後續的製茶程序。

大葉種茶樹的葉形很像熱帶植物，很好辨認。

有機茶人

若看茶葉判斷茶種,由右至左,是紅玉、翠玉、四季春、金萱。

陳大哥說,雖然是看天做茶,但想法靈活、懂得變通很重要。一位專業的茶人,會觀察天候狀況與下雨時機,並把握採茶時間、調整採茶工的分配,把氣候影響降到最低。像是,如果預計要做紅茶,原本40天就該採的茶,不得已延到45天才採收,這時就可轉做烏龍茶,看茶做茶、不要有一絲勉強。

依據茶菁的成熟度,茶人會決定欲製的茶款,比方輕發酵的茶會使用遮蔭網、萎凋控制在30分鐘,若是重發酵的烏龍茶,至少得日光萎凋4小時。移到室內靜置後,視萎凋時間長短調整浪菁攪拌時間,以免做出來的茶苦澀。做茶時的細瑣狀況,在在考驗著茶人的判斷力,慢慢累積成養分再轉成經驗。

— 雙有機,當玫瑰遇上綠茶 —

除了做茶,大哥還把屏東的有機玫瑰與自家茶結合,做成有5種顏色變化的玫瑰綠茶。依據注水溫度,茶湯從藍紫、嫣粉、藍灰、淺咖一路變化到淡金色,玫瑰花瓣與原葉茶會在茶

袋中舒展開來，不管是視覺、嗅覺、味覺都被溫柔療癒。一開始，先用45℃的水，才能出現仿如蝶豆花般的夢幻藍色，這時會釋放出花青素、聞到花香，之後每次加水則用90℃熱水，綠茶滋味會愈漸明顯，是一款很特別，也深受女性顧客喜喜的茶。

Part 3　茶學問・茶行與茶人

茶行裡的
茶學問

紅茶揉捻

來訪這天早上，陳大哥剛做完紅茶的室內萎凋，悉心地把茶葉整理起來，要開始午後揉捻茶的工作。紅茶是全發酵茶、選用一心二葉，需要的萎凋時間長，水分流失50％後，才進行揉捻，以免走水不足、揉捻時汁液過多。

遇到茶菁量大時，會使用有熱風裝置的「萎凋槽」，量小時則自然萎凋，時間久但效果比較平均。揉捻時，前10分鐘「初揉」，先讓茶葉水分跑得比較平均，之後再重揉，反覆揉製1小時半至2小時左右。茶的揉捻，是讓兒茶素被酵素酶轉化，氧化程度就能更完全；而揉好的茶需在表面再次噴水、補足發酵2小時。

做紅茶，品的是發酵後的甜醇味，大葉種（阿薩姆、紅玉）或小葉種（金萱、四季春⋯等）都能用來製作紅茶；其中，大葉種的紅玉葉形呈波浪狀，像熱帶植物的樣子，它是阿薩姆和台灣山茶配種，一年可採收10次，非常適合台灣氣候環境。

256

有機茶人

洺盛農場

特色茶款 × 4

金萱烏龍

種植地：南投名間
茶種：台茶12號
風味特色：傳統輕發酵茶，淡淡奶香
沖泡方式：浸泡60秒後出湯
溫度：90℃

紅玉紅茶

種植地：南投名間
茶種：台茶18號
風味特色：全發酵茶，濃厚茶味
沖泡方式：浸泡20秒後出湯
溫度：90℃

白金烏龍

種植地：南投名間
茶種：早春的四季春
風味特色：輕發酵茶，淡雅花香味
沖泡方式：浸泡60秒後出湯
溫度：90℃

紅水烏龍

種植地：南投名間
茶種：台茶13號
風味特色：輕發酵茶，滑甘口感
沖泡方式：浸泡60秒後出湯
溫度：90℃

散步。台灣喝茶聚落

一起到台灣北中南的喝茶聚落去走走！透過不同的空間場域、拜訪各個店家，親身感受茶之於生活原來這麼親近。

D

耀紅名茶｜結合茶道具、花藝、老闆張耀煌展品的美感空間。

地址：台北市大安區永康街10巷10號
電話：02-2321-5119

A

罐子茶書館｜結合書屋、茶館以及各種藝術展覽的複合空間。

地址：台北市大安區麗水街9號
電話：02-2321-6680

E

老欉茶圃｜擁有自家茶園也設計茶器、在兩岸積極推廣茶文化。

地址：台北市大安區永康街12巷4號C戶
電話：02-3322-3351

B

不二堂-永康茶所在｜讓喝茶年輕化，販售茶食、巧思茶器與精選茶款。

地址：台北市大安區麗水街13巷8號
電話：02-2351-7965

F

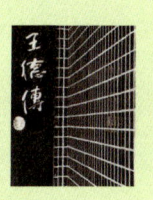

王德傳茶莊｜百年老字號，擁有自家的烘茶師為茶品做焙度變化。

地址：台北市大安區永康街10-2號
電話：02-2321-2319

C

串門子茶館｜以現代手法重新包裝喝茶方式，也售茶器、茶道具。

地址：台北市大安區麗水街13巷9號
電話：02-2356-3767

H

Eilong 宜龍茶器｜商品風格多元，蒐羅復古與現代的專業茶器、燒水壺。

地址：台北市大安區永康街 31 巷 16 號
電話：02-2343-2311

G

回留茶館｜結合品茗、蔬食料理與不定期展覽的生活美學茶館。

地址：台北市大安區永康街 31 巷 9 號
電話：02-2392-6707

L

小茶栽堂 | 將自家栽培茶與法式甜點創意結合，深受女性喜愛。

地址：台北市大安區永康街4巷8號
電話：02-2395-1558

I

陶作坊 | 以東方美學為概念，設計順手好用的茶器與燒水壺。

地址：台北市大安區永康街6巷8號
電話：02-2395-7910

M

小確幸紅茶牛奶合作社 | 文青風小店裡專售不同濃度的紅茶牛奶，以及甜點。

地址：台北市大安區永康街31巷14號
電話：02-2321-8828

J

嶢陽茶行 | 始於西元1842年，來自彰化鹿港的百年茶行。

地址：台北市大安區永康街9號
電話：02-2396-2500

N

Chiao Tea Salon | 充滿女性巧思的品茗空間，優雅品嚐台灣茶品與茶點。

地址：台北市大安區金華街172巷2-1號
電話：02-2351-0671

K

冶堂茶室 | 為茶文化工作室，主人何健樂於分享茶事做交流。

地址：台北市大安區永康街31巷20-2號1樓
電話：02-3393-8988

● 回留茶館 ●

曾經是永康街最早、最著名的茶館，創造並帶動了商圈的文人品茗的風潮，歷經25個寒暑，走過高峰低谷，再度翻轉回留的生命力。

散步茶聚落

用生活美學帶動
永康商圈興起

採訪撰文／黃翠貞　攝影／陳家偉

Shop data ｜ 地址：台北市大安區永康街31弄9號 ｜ 電話：02-23926707 ｜ 官網：www.sooyards.com

有生命力的茶館風情

緣起於陶藝家夫婦對生活與茶藝的喜愛，在1990年代打造了永康商圈人人皆知的回留茶館，以品茗與蔬食為主，然而二十餘年的春秋，歷經台灣經濟的變化，人潮客群的移轉，經營方式受到衝擊，於此之時，回留的人文與自然結合的理念，恰與半畝塘文創相同，於是2014年半畝塘文創進駐支援重整，近日，回留又重新調整經營策略，導入靜態及動態的活動，期待透過茶做為連結，達到「環境可持續」、「人文可持續」、「經濟可持續」的願景。

「回留」就是要大家回來並留下來開始學習過生活，所以這裡帶給大家的不只是茶，而是全面的體驗，從茶與品茗開始學習美感，主導營運的館長張博堯是個熱情積極、享受生活、關心朋友的人，他將自己生活中的趣味帶入茶館，豐富了茶館內在的文化精神。

Part 3　茶學問・茶行與茶人

前院高低扶疏的四季花草，可以調節呼吸的大面土牆，古樸有韻味的桌椅，不同古字體呈現「回留」的趣味，植生牆襯出茶器的優美，都看見了自然與人文共生的風景。

關懷人與土地，尊重生態多樣性與環境的純淨，回留引進的茶葉、食材等，都是無毒種植的。茶葉保留了茶師的傳統手工製法，自然無添加物，久浸無雜味且茶味純粹。茶點及蔬食餐點的口味豐富，皆為店內師傅手工製作，風味獨特。嚐著嘴裡的好茶，享受著溫潤舒適的空間，與好友漫談開聊，回留讓人的五感得以啟發，身心舒暢。

用泥土、植物纖維、糯米漿和石灰等天然素材組合的牆，塗上亞麻籽油保護牆面，讓室內顯得明亮溫暖。

採用無毒的在地食材，精心製作的茶點，內含更多認真對待土地，尊重自然的心意。

散步・台灣喝茶聚落

Part 3　茶學問・茶行與茶人

―納進與茶相關的美學―

回留對自己的期許是成為一個友善的交流與發展平台，多元的活動都可以在這裡發揮。回留空間不大，同時容納多個活動的進行卻無違和感，反能讓走進去的客人充滿驚喜。

全台首座的顯經黑膠唱片圖書館長駐在此，讓黑膠迷可以出借唱片回家欣賞，學習放慢腳步，在黑膠世界中找到不一樣的自己。

所有的展覽不限國界、形式、年齡，動靜態皆宜。未踏入大門，先看到院子的獨居蜂特展，學習看見一直存在於生活周遭，卻被忽略的獨居蜂，思索我們該如何不破壞他們的生態，與環境和平共存。

利用藍染的顏料配上硅藻土，讓牆壁可以呼吸，解決了地下室潮濕的問題。

茶館外正展出「獨居蜂的平行世界」特展，希望翻轉人們害怕蜜蜂的刻板印象，並用微觀角度去了解蜜蜂的結構。

地下室的香爐特展，將現代人的心緒穩定下來，欣賞著工藝之美。還有跟著節氣玩發酵系列課程，為歌頌生命而存在的里拉琴和非洲豎琴活動，有身心療癒功能、增強正能量的的身體經絡調理課程⋯等，幾乎每週都有不同的展覽和課程分享，讓這些活動的知識性，慢慢地傳遞並實踐在生活中。

圖片提供／張博堯

● 若山茶書院 ●

說到茶,除了品嚐味道,還有哪些生活體驗能與茶結合呢?走一遭若山茶書院,將會發現茶不只能飲,還能學、聽、看、聞、說⋯,甚至在很特別的「泥窩」裡感受茶氛圍。

散步
茶聚落

以「茶」開展
覺知生活

採訪撰文／cube　攝影／王正毅

Shop data ｜ 地址：新竹縣竹北市光明六路東二段381號 ｜ 電話：03-668-5700 ｜ 官網：http://www.sooyards.com/ruoshan

270

在心靈居所裡品賞茶

想深刻體驗有茶相伴的日常，除了到茶館喝茶、到茶莊買茶，在新竹還有一處以茶為設計概念的心靈居所⋯若山茶書院，進到這裡，能真實體驗茶給予人的寧靜與淨化，更把人與自然親密地牽在一起。

若山茶書院隸屬於「半畝塘生活文創」，身為集團執行長同時也是建築師的江文淵先生，秉持「人天共好」的理念，期望藉由「茶」，作為連結人與自然的橋樑，體現「半畝塘生活文創」環境可持續、人文可持續、經濟可持續的核心價值。會將茶這項元素帶入空間，是因為從古至今，茶水是日常裡的不可或缺，農人喝茶、文人也喝茶，無論是解渴或品飲，皆因此點滴積累成生活文化，而茶湯入喉更成了身心的滋養。

茶是這心靈居所的靈魂，以「茶書院」為名，則是期許傳承中國古代書院精神，作為文化匯集與傳播的平台。藉由茶飲、茶食、藝術、器物、營造呈顯生活美學的人文情境，透過智慧與真知的交流分享，腦心身手的體察實作，觸發眼耳鼻舌身意、五感六覺的覺知體驗；將茶傳遞的察、淨、靜、敬精神，帶入日用尋常之間；薰養覺、簡、安、誠的生活態度，提供現代人安頓身心的生活提案。

Part 3 茶學問・茶行與茶人

― 蒐羅各樣道具的「茶貨店」―

進入茶書院之前,建議先在外圍遊走閒逛,穿過長著狼尾草的小徑,走進綠蔭濃密的櫸木林,方能看見花木香草、半畝方塘包圍著的建築本體。這種隱身而立的靜謐、甚至有點荒居幽處的氛圍,瞬時讓人忘了其實身處城市之中。一樓所有的入口,都是挑高的大玻璃門,這幾扇典重如廟門的設計,可得要身手合一,才能順利推開。茶書院的落地窗外、樹影搖曳皆是美景,滿室茶香、咖啡香撲鼻而來,不妨選定一個角落,點一壺喜歡的飲品,讓感官二甦醒。

上了二樓,是各樣展品的空間,這裡的家具是《水顏木房》的作品;以舊木料詮釋時光粹煉出的韻味,而木料也是自然產物,完全呼應茶書院想傳遞的自然況味。茶貨店裡販售《茶日子》作者李啟彰老師嚴選的《零茶》、《回留》精選高山茶;以及富有質感的茶器具、生活用品,是多位台灣陶藝家、職人的創作。

年輕陶作家郭詩謙的作品,特意選用白色,是靜坐時的感悟;表現心湖祥安寧定的靜好,讓您留下層層疊疊貼身日用的時間印痕。

在二樓遊走,會感受到不同時段的光影變幻;天氣晴美的日子,夕陽燦亮的暉光穿過窗櫺,在地面上的投影宛如黑白琴鍵,光的旋律跳盪著,直到夜幕低垂。

272

展出包括王文德的梨枝灰釉－「以聲入陶」音律茶盤，用聽覺來感知，紀錄生活的記憶，再轉化為陶器物為立體三度空間。「木納墨言」系列，以自然紋理為基底，創造出木質風化與大氣流動的意象。吳偉丞的白色茶盅茶杯組走俐落冷峻風格，宛如建築線條般的稜角，顛覆傳統茶器的圓潤印象。李雅雯的陶作品，一抹微藍在羊脂白玉般的陶身暈染綻放，透露著女性創作者溫柔細膩、脈脈含情的韻致。年輕陶作家郭詩謙的善水系列，以志野釉焠燒出溫暖親和的白，幾點金箔綴落在茶器表面。此外還有李宗儒、蕭風、金剛、木子到森…等專業職人的展品，分別藉由器物與使用者誠心對話。

看起來酷酷的八角杯，是吳偉丞老師的作品，造型低調、卻有著不容忽視的個性美感。

喝茶也能很可愛！此為男性陶作家的作品，茶杯形狀好像森林裡盛開的小花，等著蜂兒蝶兒來採蜜！

李雅雯的作品流漾女性的溫柔輕盈，潤澤如玉的茶器表面能撫觸到指印手痕。

喝茶、看茶、聽茶、體驗茶

喝了茶、看過眾家好物，慢慢走上三樓，會發現一座巨型黃土泥窩。用色懷舊溫暖，原始外觀好似隱密山洞的泥窩，是半畝塘持續研發的自然建築材料與工法的實驗之作。這處私密空間，提供各種聚會、派對、茶會使用，予人很特殊的場域體驗。雖然被泥牆包覆，但光影與空氣的流動，讓人感覺身處大自然或虛幻空間。走出泥窩，這層樓還有個重要的教育平台──「樹學塘」。大家聚此學習分享以「環境可持續」、「人文可持續」為主題的展覽、講座、課程、藝文表演、電影欣賞。曾舉辦過沈武銘老師的親子茶課，李啟彰老師的「覺知飲茶」課程、藝術家分享會、手作課、養生節氣料理、登山探險、公益講座⋯⋯等，都得到很好的迴響。

三樓裡，還有一個特殊空間，珍藏著引領人們穿越時光隧道的歷史之音──「顯經黑膠唱片圖書館」，聆聽室裡陳列數千張珍貴的黑膠唱片，以會員制方式經營。選幾張喜愛的唱片，不管是古典音樂、現代音樂或記憶中的電影主題曲；在午後用心感受獨樂樂的聽覺饗宴，也是若山茶書院想傳達的生活方式。

以茶這個元素把自然與人文連結在一起、傳統與創新兼容，讓「大樹下的美好生活」想像可以不斷延伸，或許你可來此發掘更多的生活樣貌，感受有茶相伴左右的閒適靜好。

若山書茶院的每一層樓都有開小窗的設計，在空間裡漫步，別忘了觀察光影的流動交錯，每個窗望出去都是一幅美麗的自然畫作。

泥窩的內部空間，木桌邊有一個可愛的小炕；冬天升起炭火，可以體會先民原始的生活情境。

● 十八卯茶屋 ●

台南著名的個性茶人——葉東泰以茶為引子，在日式與台式老屋裡綻放出不同的茶滋味與茶飲體驗，更因此串起在地的文化活動。

散步茶聚落

一訪府城裡的老屋茶香

採訪撰文／cube　攝影／王正毅

Shop data ｜ 地址：台南市中西區民權路2段30號 ｜ 電話：06-221-1218 ｜ FB：奉茶 十八卯

到日式老屋裡享受茶香恬靜

到台南，若要找一處能歇腳、品茶香的地方，座落在民權路上的「十八卯茶屋」絕對是個能夠靜心喝茶、充分感受古都風情的居所。十八卯茶屋的創辦人是知名茶人——葉東泰先生，同時也是台南「奉茶」的主理人，葉先生在2002年接手了吳園裡的日式老建築，它的前身是日本人柳下勇的料理食堂——柳屋。葉先生將柳屋二字拆解，取名為十八卯茶屋，保留了日式老建築的韻味，並且帶進他經營多年的茶飲理念，使這裡成為深具特色的幽靜茶屋。

推門進入十八卯茶屋，踩踏木地板、眼見木樑木柱，真的好像走進了日本人家，而窗外望出去的綠景，是佔地廣大、歷經170年的吳園，園中的涼亭、石砌廊道、台南公會堂⋯等都是當時的園林建築。在這樣一個充滿舊時氛圍的老屋裡，時間彷彿慢了下來，的確特別適合沏上一壺茶細細品嚐。

用泥土、植物纖維、糯米漿和石灰等天然素材組合的牆，塗上亞麻籽油保護牆面，讓室內顯得明亮溫暖。

屋內掛了一枚日據時代的商店地圖，註明了那個時期遍布的各樣商店。

以茶屋為據點活絡在地文化

然而，十八卯茶屋目前在當地的角色，早已不只是一間茶屋，葉東泰先生把這裡變成茶文化的招待所。在一樓景色極好的地方，可以簡單喝茶、品嚐自創的蔬食料理，也能看到特色茶品、各種茶道具的展示，葉先生的個人蒐藏與文物；而二樓則是展覽間，你得爬上微陡的木造樓梯，方能看到整片榻榻米上擺了茶席，在此會不定期舉辦藝文活動。

出席活動的人士，大多是在地的藝術家、文學家、文史工作者、茶文化研究家⋯⋯等，葉先生讓大家聚集於此，共同參與茶道與琴藝研究、茶器創作分享、藝術表演⋯⋯等，各界專家與同好在茶屋裡論古今、交流文化與藝術。

在日式建築外的樹蔭下，更舉辦過彈奏古樂的茶會，甚至會在農曆12月25日（送神的日子）發起百人「封茶」，邀請在地居民一同封存當年度的好茶。正因為以茶屋為據點，廣納各界共襄盛舉而開展了各種可能，讓這裡興起了特殊的在地茶文化。

「府城封茶日」時做的封茶，活動當天會有詩人吟詩詞、做版畫、題詩封茶、茶人示範泡茶美學、現場揮毫⋯等。

來到十八卯屋,親切的店內人員會教你這裡的喝茶方式。先把茶倒入聞香高杯中,再將飲杯蓋在聞香高杯上,接著握住聞香高杯圈足處並旋轉上拉鬆開,先嗅聞一下茶香,再慢慢品嚐茶的滋味口感。

Part 3　茶學問・茶行與茶人

如果走到「奉茶」的對街，往二樓望，就能看到格子窗，好似屋子的眼睛。

過了民權路的對面，到了公園路上，遠遠地就能看到「奉茶」與工作室。「奉茶」是兩層樓的老房子，充滿復古台灣味的洗石子地、石牆特別親切，和十八卯茶屋的風格雖然不一樣，但是充滿人味溫度的地方卻是一致的。一樓工作室是擺放葉先生精選茶款的地方，有年紀的檜木藥櫃上，整齊地陳列了各式寓意的包裝茶款，也有茶罐、手包茶、茶餅、老茶，以及部分茶點。

位於二樓的「奉茶」，已走過20餘年的歲月，葉先生與這間老屋相遇時，覺得二樓的格子窗很可愛、就像眼睛對他眨呀眨的，就此定下與它的緣份。奉茶裡的圓形拱門，很符合茶的形象：圓融，所以將其保留至今，與屋裡的圓形燈彼此呼應；牆面上的彩繪，則是與國定古蹟氣象台胡椒管的113週年合作所留下來的畫作。

280

散步．台灣喝茶聚落

以茶做詩，說在地與自己的故事

葉先生賣茶，和別人最不一樣的地方是：不設限、不固定只與誰合作，加上擅長把在地文化、個人意境放進包裝裡，所以上頭題的詩、放的畫都蘊含台南府城氣息。這裡所販售的茶系列中，以古蹟茶、神明茶最為知名。葉先生觀察台南著名古蹟特色，選了7個一級古蹟與茶款結合設計，做出有包中意味的「首學包種茶」、歷經改建仍印象彌新的「赤嵌四季春」、有奶香的金萱茶則與有母親意象的大天后宮搭配、走過戰爭煙硝的億載金城則以炭焙烏龍為代表，其他還有「安平紅茶」、「武廟鐵觀音」、「五妃美人茶」。

至於「神明茶」的起緣，是和文化資產保護協會合作時，葉先生以台灣特有廟宇文化為概念，把天上聖母、文昌帝君、藥王…等神明圖樣與茶包結合，代表了人們敬愛神明的心意，並且帶有誠心祝福、保祐生意興隆的討喜意涵。不僅如此，因為接手了吳園裡的日式老屋，葉先生也為吳園特調一款茶，以呼應舊時為鹽商的吳家背景，選用了屏東著名的港口茶，加入鹽之花，打造一般大眾對於茶湯的印象與口味，微鹹滋味很有意思。

奉茶與十八卯茶屋都有販售自家的特色茶。

除了巧妙地把地方特色、文化與茶做結合，有著豐富感性的葉先生，也用茶說自己的人生故事。像是多年前曾遭火災的茶館，於災後留下了一批茶葉，他將茶重新焙過、題為「木燙青茶」，包裝上留下了對當時幫助過奉的人們的感激——「燙傷你，因為我的心夠熱」的心境；還有一款茶則是對媽媽的紀念，包裝上有著媽媽慈祥的照片，取名為「老母紅茶」，用茶紀念人生中的每個片刻，似乎也成了葉先生的個人風格與習慣。

以茶為媒介，把人們的心與生活串連起來，不僅自成了一個小聚落、更活絡了當地，下回不妨來台南的民權路與公園路走走，感受一下自茶而生的詩意，與悠閒沉澱的慢時光。

位於十八卯茶屋二樓的日式茶席與窗景。

樂食 Santé03

品味台灣茶：
茶行學問・產地風味・茶人說茶，帶你輕鬆品飲茶滋味

總編輯	郭昕詠
主編	蕭歆儀
副主編	賴虹伶
編輯	王凱林、陳柔君、徐昉驊
採訪編輯	林俞君、傅紀虹、黃翠貞、cube
專欄撰文	王明祥、藍大誠
特約攝影	王正毅、陳家偉
內頁設計	李佳隆、關雅云
封面設計	PR
地圖繪製	megu

社長	郭重興
發行人兼出版總監	曾大福

出版者	幸福文化出版社／遠足文化事業股份有限公司
地址	231 新北市新店區民權路 108-2 號 9 樓
電話	(02)2218-1417
傳真	(02)2218-8057
電郵	service@bookrep.com.tw
郵撥帳號	19504465
客服專線	0800-221-029
部落格	http://777walkers.blogspot.com/
網址	http://www.bookrep.com.tw
法律顧問	華洋法律事務所 蘇文生律師
印製	凱林彩印股份有限公司
電話	(02) 2794-5797

初版 3 刷 西元 2018 年 8 月
Printed in Taiwan 有著作權 侵害必究

國家圖書館出版品預行編目 (CIP) 資料

品味台灣茶：茶行學問・產地風味・茶人說茶，帶你輕鬆品飲茶滋味 / 樂食編輯部著. -- 初版. -- 新北市：幸福文化, 2017.09
面； 公分. -- (Santé；3)
ISBN 978-986-95238-2-0 (平裝)
1. 茶葉 2. 茶藝 3. 臺灣

481.6   106014969

nest 巢・家居
邀請您一同享受美好的品茗時光

愛茶人，都有自己偏愛的茶具與泡茶方式，並透過器物展現獨特的自我品味，不論是細緻的金屬質感、典雅低調的網孔圖騰，TOAST/WEAVER系列，為您勾勒出愜意又時尚的品茗時光。

推薦商品：
TOAST WEAVER系列-
沖茶器 ／ 東方沖茶器 ／
小壺泡茶組

統一時代百貨台北店5F 02-8789-1869　／　誠品松菸店2F 02-6639-9948　／　nest：ro誠品敦南概念店GF 02-2771-4913　／
新光三越信義A9店4F 02-2729-3886　／　SOGO新竹巨城店6F 03-533-4713　／　新光三越台中中港店7F 04-2251-7426　／
nest x GREENGATE台南西門店B1F 06-303-1183　／　高雄漢神巨蛋購物廣場B1F 07-550-3698

nest 巢・家居　www.nestcollection.tw　　nest 巢・家居

巢家居